九华山世界地质公园
植物地理学研究

PHYTOGEOGRAPHY OF
JIUHUA SHAN GLOBAL GEOPARK

李鑫　俞筱押　孟耀　编著

中国地质大学出版社
CHINA UNIVERSITY OF GEOSCIENCES PRESS

图书在版编目(CIP)数据

九华山世界地质公园植物地理学研究/李鑫,俞筱押,孟耀编著.—武汉:中国地质大学出版社,2024.5

ISBN 978-7-5625-5843-9

Ⅰ.①九… Ⅱ.①李… ②俞… ③孟… Ⅲ.①九华山-植物地理学 Ⅳ.①Q948.525.4

中国国家版本馆 CIP 数据核字(2024)第 087571 号

九华山世界地质公园植物地理学研究	李 鑫 俞筱押 孟 耀 编著
责任编辑:舒立霞	责任校对:徐蕾蕾
出版发行:中国地质大学出版社(武汉市洪山区鲁磨路 388 号)	邮编:430074
电 话:(027)67883511 传 真:(027)67883580	E-mail:cbb@cug.edu.cn
经 销:全国新华书店	http://cugp.cug.edu.cn
开本:787 毫米×1092 毫米 1/16	字数:192 千字 印张:7.5
版次:2024 年 5 月第 1 版	印次:2024 年 5 月第 1 次印刷
印刷:湖北睿智印务有限公司	
ISBN 978-7-5625-5843-9	定价:68.00 元

如有印装质量问题请与印刷厂联系调换

《九华山世界地质公园植物地理学研究》
编委会

前　言

　　九华山是中国佛教四大名山之一,是国家重点风景名胜区,也是联合国教科文组织世界地质公园成员之一。九华山奇特绚丽的自然景观与丰富多彩的人文景观,是九华山开展生态旅游的重要资源。

　　2009年,九华山风景区管理委员会作出重大战略决策,为着力配合安徽"两山一湖"(黄山、九华山、太平湖)旅游发展战略,打造中国皖南国际文化旅游示范区新引擎,通过投巨资及加大政策扶持力度,创建九华山世界地质公园品牌,使九华山成为集地质旅游、生态旅游、文化旅游等于一体的综合性旅游区、生态文明示范区、可持续发展示范区,以推进九华山及其周边地区经济社会发展,实现皖南旅游国际化、全球化。2019年,九华山以宏伟的大型断块花岗岩地貌景观、优越的自然生态环境和丰厚的文化资源,成功跻身联合国教科文组织世界地质公园,为新时代的九华山生态旅游发展带来新机遇。

　　九华山世界地质公园是地质多样性与生态多样性、文化多样性相互融合的典范。为保护好九华山的自然资源与生态环境,我们在九华山风景区管理委员会的支持下,对九华山世界地质公园植被进行了科学考察。根据地质公园的植被状况,设计了9条调查线路,即天台线、二圣殿—甘露寺—百岁宫下院线、祇园寺—百岁宫—肉身殿—八都岗线、老田村—无相寺线、舒溪—独秀峰线、南阳—下里湾—进天门线、莲峰云海线、九子岩线、牛桥水库—天柱峰线,每条线路用典型抽样法布设若干条垂直方向的样线,调查时沿样线由低向高行进,直至植被分布的上限。在样线上布设若干个20m×20m的样方,进行植物群落样方调查,另外样方内设置3个"品"字形分布的5m×5m的小样方,调查灌木种类、盖度,共计拍摄照片1864张,制作标本62个,系统地对调查区内植物物种多样性、区系特征、植被状况进行了调查与分析,《九华山世界地质公园植物地理学研究》是这次科学考察部分成果的结晶。

　　在本书的撰写过程中,首先要感谢野外科学考察队的全体成员:九华山世界地质公园管理委员会林启刚主任、章寅虎主任、甘杨旸主任等;中国地质大学(武汉)柴波教授、方熠研究生等;云南师范大学李玉辉教授、丁智强博士等;皖西学院尹莹老师等;青阳县林业局陈其志主任等;武汉地学之旅信息技术有限公司李平、简丹丹、骆成福等。他们付出了不懈的努力,在野外采集到大量的原始调查数据。其次要感谢九华山风景区管理委员会和武汉地学之旅信息技术有限公司的领导,他们在调查工作中精心安排,统筹协调,才使调查工作得以顺利进行。

编著者

2023 年 12 月

目　录

第 1 章　九华山世界地质公园的自然地理环境

　　九华山世界地质公园位于安徽省池州市境内,面积 139.7km²。地质公园范围为东经117°44′—117°54′,北纬 30°25′—30°36′,海拔范围 50.0m～1 344.4m。

　　九华山,名源于唐朝诗人李白与友人同作《改九子山为九华山联句》中的诗句"妙有分二气,灵山开九华"。九华山,1982 年被国务院确定为首批国家级风景名胜区,1992 年被原林业部列为国家森林公园,2000 年被国务院定为国家重点风景名胜区,2006 年被原建设部列入国家自然与文化双遗产地目录,2007 年被原国家旅游局列为国家 AAAAA 级旅游景区,2009年被原国土资源部列为国家地质公园,2019 年被联合国教科文组织执行局列为联合国教科文组织世界地质公园。

　　九华山交通发达、便捷。九华山机场直达北京、上海等 10 余个大城市,有京福高铁、宁安高铁在山脚下交会,高速公路有沿江高速、京台高速、九华山旅游专线,水运有池州港、铜陵港。九华山世界地质公园处于所在城市"水—陆—空"立体交通核心。当前武杭高铁(池黄段)在九华山(青阳)设站,将助推九华山旅游快速升级,也将为游客提供更加便捷的交通条件。

1.1　地质地貌

　　在大地构造位置上,九华山世界地质公园位于扬子板块的东南缘——皖南地区,包括江南过渡带、江南隆起带和钱塘凹陷 3 个构造单元,其中江南隆起带夹于中间,北部和南部分别以江南断裂和天目山-白际山断裂为界与江南过渡带和钱塘凹陷相邻。区内江南隆起带出露较全,从北西到南东发育有九岭被动陆缘、障公山弧后复理石盆地、怀玉火山岛弧 3 个构造单元。燕山期,区内岩浆岩活动强烈,受区内构造影响发育典型的花岗岩地貌。

1.1.1　地质历史演变

　　九华山地壳基底为 8 亿年前晋宁运动构造结晶基底,早古生代浅海环境形成的沉积盖层[图 1.1(a)]为典型泥质碳酸盐岩、碎屑岩系,加里东运动褶皱隆升使其成为扬子地块组成部分。

(a)结晶基底，5.4亿年前开始沉积早古生代地层

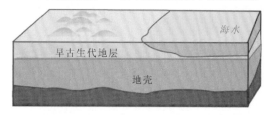

(b) 2.5亿年前，地壳抬升，早古生代沉积地层风化，剥离地壳

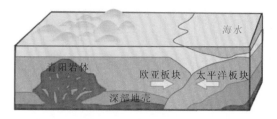

(c) 1.4亿年前，亚欧板块与太平洋板块碰撞，中国东部欧亚板块
内部岩浆上涌，形成青阳岩体

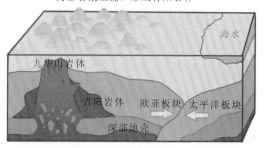

(d) 1.2亿年前，两板块复合碰撞影响，上地壳重熔形成酸性岩浆，并沿
青阳岩体内部上涌，形成青阳—九华山复式岩基

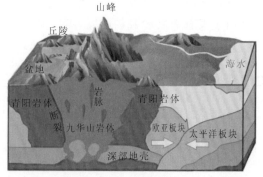

(e)新生代以来，在九华山断裂的控制下，形成九华山花岗岩断块地貌。断层东盘
上升形成花岗岩峰丛地形区，下降盘受侵蚀风化堆积影响，成为丘陵盆地

图1.1　九华山区域地质演化图

晚古生代、中生代处于隆升剥蚀状态[图 1.1(b)]，侏罗纪—白垩纪的太平洋板块与欧亚板块碰撞传到中国板块内部，受华北板块、扬子板块、华夏古陆的碰撞挤压，于 1.4 亿年前的早白垩世早期出现下地壳熔融，形成中酸性岩浆，并侵入九华山地区，形成早期青阳岩体[图 1.1(c)]。于 1.3 亿年前的早白垩世中期，中国大陆受欧亚板块、太平洋板块复合碰撞影响，出现以九华山断裂为代表的陆壳断裂活动，在 1.2 亿年前的早白垩世中晚期地壳重融，形成酸性岩浆，并沿九华山断裂侵入青阳岩体，形成青阳—九华山复式岩基[图 1.1(d)]，并陆续有各式岩墙和辉绿岩脉侵入。

新生代以来，喜马拉雅造山运动强烈影响该区域，九华山断裂活动加剧，古夷平地形分解形成断块山地地貌[图 1.1(e)]，断层东盘上升形成花岗岩峰丛地形区，并于第四纪上升至雪线，出现冰川活动，下降盘受侵蚀风化堆积影响，成为丘陵盆地地形。九华山断裂活动同时发育了系列节理构造，奠定了九华山奇峰异石自然景观的构造基础。斗转星移，北亚热带气候下的大型九华山花岗岩断块地貌，在流水、冰川的作用下，形成了丰富多彩的生物和形态各异的小型地貌。

1.1.2　地层

九华山世界地质公园地层为下古生界和第四系，缺上古生界、中生界（表 1.1）。

1.1.3　地质构造

九华山世界地质公园位于下扬子板块的东南缘、江南深断裂与高坦大断裂之间、七都-横百岭复背斜东段。地质公园内断裂构造共 5 条，其走向有南北向、北北东向、北东向、北北西向。

九华山断裂是九华山世界地质公园最主要、最重要的断裂。该断裂位于九华山中部，走向北东 7°，在公园内长 33km，且南北两端均伸出园外，主要发育于九华山复式岩体正长花岗岩中。断面倾向东，倾角 60°～80°，破碎带宽 10～100m，断裂平移距离约 150m。构造岩由破碎带中心向两侧呈糜棱岩—角砾岩—破裂岩的横向分带性，最外侧为劈理化带，沿断裂带在上闵园充填有安山玄武玢岩脉，在南部充填有一宽约 10m、长 1000 余米的石英脉（局部为石英质玉）。东盘南阳林场一带中上寒武统被断层左行牵引发生褶皱。地貌上从南面进天门至北部下闵园形成长达 8km 的沟谷，局部形成峡谷。南部充填石英脉形成南北向的山脊。断裂带在遥感影像图上呈明显的线状影像特征。根据岩体剥蚀程度及充填的辉绿岩脉，说明该断裂带切割深。

公园内的小型构造以近东西向、南北向、北东向剪节理为主，包括水平节理、垂直节理、斜节理和呈"X"形的共轭剪节理。这些小型构造是九华山主干断裂伴生构造，它们与九华山主断裂的组合，成为九华山花岗岩景观型的构造基础，流水、融冻（第四纪古冰川与现代冬季积雪）和风化剥蚀塑造了花岗岩的奇峰异石。天台峰、小花台、莲花峰等区域是典型的奇峰异石集中区，展示了花岗岩多样性景观的发育机制。

表 1.1　九华山世界地质公园区域地层简表

界	系	统	名称	代号	厚度/m	主要岩性
新生界	第四系(Q)	全新统	芜湖组	Qhw	4～21	砂砾石及亚黏土
		晚更新统	下蜀组	Qp_3x	＞4	浅棕黄色砾岩、亚黏土
		中更新统	戚家矶组	Qp_2q	2～10	棕红色、棕黄色砾石及蠕虫状黏土
下古生界	志留系(S)	中志留统	坟头组	S_2f	805	粉砂质页岩夹砾屑磷块岩,石英细砂岩、泥质粉砂岩及页岩
		下志留统	高家边组	S_1g	2004	细砂岩、粉砂岩、页岩韵律互层,底部为含碳页岩
	奥陶系(O)	上奥陶统	五峰组	O_3w	15	黑色含硅碳质页岩,下部夹一薄层晶屑沉凝灰岩
			汤头组	O_3t	1.5～16	青灰色、淡绿色凝灰质黏土页岩与泥质似瘤状灰岩互层。产三叶虫化石
		中奥陶统	宝塔组	O_2b	26	青灰色、肉红色泥质瘤状灰岩,下部夹干裂纹状灰岩。产头足类化石
			大田坝组	O_2d	5	肉红色含铁质结核干裂纹状灰岩、泥质瘤状灰岩
		下奥陶统	里山组	O_1ls	128	上部含泥质条带,含灰岩结核泥岩,瘤状泥灰岩夹微晶灰岩;下部为钙质泥岩。产头足类化石
			红花园组	O_1h	297	灰色、深灰色碎屑灰岩夹鲕状灰岩
			仑山组	O_1l	824	灰白色、浅灰色灰岩夹白云岩、白云质灰岩
	寒武系(∈)	上寒武统	青坑组	$∈_3q$	253	灰色、深灰色疙瘩状白云质灰岩
			团山组	$∈_3t$	183	深灰色、灰黑色云灰质条带状灰岩、碎屑灰岩
		中寒武统	杨柳岗组	$∈_2y$	＞255	云灰质条带状灰岩、云灰岩、含碳灰岩
		下寒武统	大陈岭组	$∈_1d$	＞103	带状灰岩含灰云质条带状灰岩。产三叶虫化石
			黄柏岭组	$∈_1h$	＞772	灰黑色泥质页岩、含碳页岩、含碳灰岩,夹石煤层和磷结核。产三叶虫化石

1.1.4　岩浆岩

九华山世界地质公园及其周边地区侵入岩十分发育,以中酸性岩类为主,为中国中生代燕山期白垩纪侵入体,岩基主体由九华山单元(面积约 110km²)和青阳单元(面积约 680km²)构成,青阳单元分布于九华山单元外围,两者构成典型的两期双峰差异性中酸性复式岩体,为陆内板块碰撞地壳岩浆活动的典型代表。

九华山世界地质公园内主要的岩浆岩岩石类型包括:花岗闪长岩、二长花岗岩、正长花岗岩、正长花岗斑岩脉、辉绿岩脉等。九华山—青阳复式岩体的年代学研究表明,九华山岩体正长花岗岩的锆石 U-Pb 年龄为(127±2)Ma,正长花岗斑岩岩墙群的锆石 U-Pb 年龄为(127±2)Ma 和(129±1)Ma,表明九华山岩体的侵入时间为 125～130Ma;青阳岩体花岗闪长岩的锆石 U-Pb 年龄为(143±2)Ma,二长花岗岩的锆石 U-Pb 年龄为(141±2)Ma,表明青阳岩体的侵入时间为 140～145Ma。公园内辉绿岩脉的锆石 U-Pb 年龄为(128±2)Ma,与九华山正长花岗岩岩体及正长花岗斑岩岩墙群的侵入时间一致,同为晚白垩世侵入体。

1)花岗闪长岩

花岗闪长岩主要分布在公园的西北部,边部片麻理构造发育,暗色矿物定向排列,片麻理带最大宽度达千米。花岗闪长岩为灰色,中细粒花岗结构,块状构造,矿物粒径主要为2～5mm,部分 0.5～1.5mm。岩石中普遍发育有暗色闪长质包体,大小不一,从数厘米至25cm 不等,多呈透镜状产出,主要矿物为斜长石(40%～55%)、角闪石(20%～40%)、黑云母(10%～15%),石英、钾长石含量较少,为深源捕虏体。

2)二长花岗岩

二长花岗岩主要分布在公园的东南端。岩石为灰色,中粒花岗结构,局部具有似斑状结构,斑晶为钾长石,块状构造。岩石主要矿物组成为碱性长石(30%～45%)、斜长石(30%～35%)、石英(25%～30%)和黑云母(5%左右)。碱性长石半自形,粒径 0.5～4.5mm;斜长石以自形短柱状为主,粒径 1～4mm。

3)正长花岗岩

正长花岗岩主要位于园区的中部,构成九华山世界地质公园的主体部分。岩石主要为中粒钾长花岗岩,局部发育晶洞构造。岩石呈浅肉红色,中粒花岗结构,粒径多在 2～4mm 之间,块状构造。主要矿物有碱性长石(50%～55%)、斜长石(5%～10%)、石英(35%～40%),见少量黑云母。

4)正长花岗斑岩脉

正长花岗斑岩脉主要受九华山断裂带控制,呈近南北向分布于早期花岗闪长岩体内。岩墙近直立,与围岩接触界线清晰,岩墙宽 0.5～0.7km,长达 10km。岩性为细粒碱长花岗斑岩,呈斑状结构、微文象及蠕英结构,块状构造。斑晶主要为碱性长石,含量为 5%～10%。

5)辉绿岩脉

辉绿岩脉主要呈近南北向侵入于花岗闪长岩体中,与花岗闪长岩侵入接触关系明显。岩石呈灰黑色,辉绿结构,块状构造,部分可见球状结构发育。

1.1.5 地形地貌

九华山地形属中国地形单元的第三阶梯东南丘陵,北侧紧邻长江中下游平原,南侧为皖南山区山岳地貌。九华山世界地质公园海拔在 $50\sim1344m$ 之间,地形起伏较大。九华山地形受九华山断裂影响强烈,形成典型的花岗岩断块山地,隆升盘形成九华山主体,下降盘形成丘陵盆地,山地南北向展布。中低山、丘陵、盆地组合构成了九华山世界地质公园的地貌结构。

1.2 气候与水文

九华山地处北亚热带季风温湿气候带内,气候温和,雨量充沛。九华山年均降雨量为 $2\,167.8mm$,全年降雨时间约为 $182d$,九华山山上冬季均有积雪,积雪厚度一般为 $20\sim40cm$。

九华山地区地表水、地下水的补给来源以大气降雨为主,雨水汇聚于九华山,流入周边河流,成为重要水源地。九华山水系属长江水系,由九华山流出的河流有九华河、青通河、喇叭河、九子溪、黄石溪等。九华河为区内第一大河,由龙溪、漂溪、双溪、舒溪、澜溪汇流而成,全长 $54km$,自南向北,流入长江。

公园内地下水类型分为松散岩类孔隙水、基岩裂隙水两种类型,富水性中等。地下水多沿构造裂隙、风化裂隙运移,地下水流向与地表坡度一致,在有断裂通道的情况下越流补给相邻含水层,在地形条件适宜处以泉的形式补给地表水。地下水以重碳酸钠型水为主:阴离子为重碳酸根离子,反映地下水为大气降水补给;阳离子以钾钠离子为主,与花岗岩中所含钠钾成分有关。地下水矿化度普遍偏低。公园内地下水动态受季节影响明显,水量、水位变化幅度大。

1.3 土 壤

九华山世界地质公园内的土壤处在红壤的边缘地带,主要土壤类型为红壤向黄棕壤过渡的黄红壤亚类。它的成土母质为酸性结晶岩类风化物的残积物、坡积物、洪积物及少数冲积物,经历了脱硅富铅化、黏化、生物富集、水耕熟化等主要成土过程。

九华山属于中低山地貌类型,山区微地形和小气候错综复杂,影响着地表自然能量和物质再分配。如气温随海拔升高而逐渐降低(递减率为 $0.47℃/100m$),降水量增大,人为活动的影响随之减弱。由于成土条件的变化直接或间接地影响着土壤的变化,因此土壤类型随海拔高度变化而变化,形成土壤的垂直分布。自上(海拔 $1344m$)而下(海拔 $200m$)依次为:山地草甸土—山地沼泽土—石质土—暗黄棕壤—黄红壤—观音土(局部)—水稻土。九华山世界地质公园土壤厚度因地形地势而异,海拔 $800m$ 以下厚度一般为 $60\sim70cm$,深处达 $1m$ 以上,宜林宜茶宜农耕。

1.4　动　物

九华山山高林密,公园范围内 50% 的区域人迹罕至,众多动物在这里繁衍生息。据 1984—1985 年不完全普查统计,有兽类 48 种,两栖类 13 种,爬行类 24 种(其中广布物种为龟、鳖、北草蜥、赤链蛇、黑眉锦蛇、虎斑游蛇、竹叶青和蝮蛇),鸟类 168 种。九华山鱼类目前尚未普查,名录不详,就区系而言,主要是长江鱼类区系成分。

第2章 九华山世界地质公园的维管植物区系

2.1 维管植物的基本组成

九华山独特的地质和气候条件孕育了丰富的植物。根据野外考察对维管植物的记录、拍照和部分标本采集,以及该区域的植物资料如《安徽植物志》《黄山植物志》等整理,九华山世界地质公园维管植物共 1508 种(含种下等级),隶属于 169 科 711 属(见附录 1),其中蕨类植物 59 种,隶属于 20 科 33 属(PPG Ⅰ系统);裸子植物 19 种,隶属于 4 科 14 属(杨氏裸子植物系统);被子植物 1430 种,隶属于 145 科 664 属(APG Ⅳ)(表 2.1)。种子植物科数占安徽省的 90.80%,属数占 75.50%,种数占 58.01%。

表 2.1 九华山世界地质公园维管植物在安徽和全国的地位

	中国			安徽			九华山世界地质公园		
	科	属	种	科	属	种	科	属	种
蕨类植物	52	204	2600	32	68	180	20	33	59
裸子植物	11	42	323	6	13	18	4	14	19
被子植物	332	3108	30 177	157	885	2480	145	664	1430
合计	395	3354	33 100	195	966	2678	169	711	1508

地质公园内中国特有种、属和单种、少种的科属较多,如属古老的特产单种属植物青钱柳属(*Cyclocarya*)。单型科有连香树科(Cercidiphyllaceae)、杜仲科(Eucommiaceae)。

地质公园内物种最多的科为禾本科(64 属,128 种),其次为菊科(53 属,97 种),详见表 2.2。

表 2.2 九华山世界地质公园维管植物科属组成

科名	物种数	属数	科名	物种数	属数
禾本科 Poaceae	128	64	鸭跖草科 Commelinaceae	5	3
菊科 Asteraceae	97	53	远志科 Polygalaceae	5	1
蔷薇科 Rosaceae	78	25	灯芯草科 Juncaceae	4	1
唇形科 Lamiaceae	66	28	凤尾蕨科 Pteridaceae	4	3
豆科 Fabaceae	48	29	藜芦科 Melanthiaceae	4	2
莎草科 Cyperaceae	46	9	省沽油科 Staphyleaceae	4	3
毛茛科 Ranunculaceae	31	12	水鳖科 Hydrocharitaceae	4	3
蓼科 Polygonaceae	26	6	蹄盖蕨科 Athyriaceae	4	2
报春花科 Primulaceae	25	7	铁角蕨科 Aspleniaceae	4	1
壳斗科 Fagaceae	23	5	通泉草科 Mazaceae	4	1
伞形科 Apiaceae	23	19	碗蕨科 Dennstaedtiaceae	4	3
樟科 Lauraceae	22	8	鸢尾科 Iridaceae	4	2
茜草科 Rubiaceae	20	16	凤仙花科 Balsaminaceae	3	1
鼠李科 Rhamnaceae	19	8	胡颓子科 Elaeagnaceae	3	1
荨麻科 Urticaceae	19	8	黄杨科 Buxaceae	3	1
杜鹃花科 Ericaceae	18	9	卷柏科 Selaginellaceae	3	1
堇菜科 Violaceae	18	1	苦苣苔科 Gesneriaceae	3	3
石竹科 Caryophyllaceae	17	7	狸藻科 Lentibulariaceae	3	1
天门冬科 Asparagaceae	17	10	棟科 Meliaceae	3	2
五加科 Araliaceae	17	8	马齿苋科 Portulacaceae	3	1
冬青科 Aquifoliaceae	16	1	母草科 Linderniaceae	3	1
景天科 Crassulaceae	16	4	泡桐科 Paulowniaceae	3	1
夹竹桃科 Apocynaceae	15	5	阿福花科 Asphodelaceae	2	1
锦葵科 Malvaceae	15	8	百部科 Stemonaceae	2	1
兰科 Orchidaceae	15	13	菖蒲科 Acoraceae	2	1
忍冬科 Caprifoliaceae	15	5	海桐科 Pittosporaceae	2	1
卫矛科 Celastraceae	15	4	姜科 Zingiberaceae	2	2
无患子科 Sapindaceae	15	3	蜡梅科 Calycanthaceae	2	2
鳞毛蕨科 Dryopteridaceae	14	3	蓝果树科 Nyssaceae	2	2
木犀科 Oleaceae	13	6	牻牛儿苗科 Geraniaceae	2	2
桑科 Moraceae	13	5	美人蕉科 Cannaceae	2	1

续表 2.2

科名	物种数	属数	科名	物种数	属数
天南星科 Araceae	13	6	瓶尔小草科 Ophioglossaceae	2	2
杨柳科 Salicaceae	13	5	秋水仙科 Colchicaceae	2	1
菝葜科 Smilacaceae	12	1	瑞香科 Thymelaeaceae	2	2
木兰科 Magnoliaceae	12	7	三白草科 Saururaceae	2	2
葡萄科 Vitaceae	12	5	商陆科 Phytolaccaceae	2	1
绣球花科 Hydrangeaceae	12	7	芍药科 Paeoniaceae	2	1
车前科 Plantaginaceae	11	6	透骨草科 Phrymaceae	2	2
大戟科 Euphorbiaceae	11	7	玄参科 Scrophulariaceae	2	2
茄科 Solanaceae	11	8	蕈树科 Altingiaceae	2	1
十字花科 Brassicaceae	11	4	眼子菜科 Potamogetonaceae	2	1
荚蒾科 Viburnaceae	10	2	酢浆草科 Oxalidaceae	2	1
龙胆科 Gentianaceae	10	4	芭蕉科 Musaceae	1	1
清风藤科 Sabiaceae	10	2	杜仲科 Eucommiaceae	1	1
山茱萸科 Cornaceae	10	2	海金沙科 Lygodiaceae	1	1
罂粟科 Papaveraceae	10	4	旱金莲科 Tropaeolaceae	1	1
安息香科 Styracaceae	9	4	虎皮楠科 Daphniphyllaceae	1	1
百合科 Liliaceae	9	5	金鱼藻科 Ceratophyllaceae	1	1
金缕梅科 Hamamelidaceae	9	5	旌节花科 Stachyuraceae	1	1
苋科 Amaranthaceae	9	5	苦木科 Simaroubaceae	1	1
旋花科 Convolvulaceae	9	6	里白科 Gleicheniaceae	1	1
芸香科 Rutaceae	9	6	连香树科 Cercidiphyllaceae	1	1
紫草科 Boraginaceae	9	6	鳞始蕨科 Lindsaeaceae	1	1
柏科 Cupressaceae	8	6	领春木科 Eupteleaceae	1	1
列当科 Orobanchaceae	8	7	瘤足蕨科 Plagiogyriaceae	1	1
猕猴桃科 Actinidiaceae	8	1	马鞭草科 Verbenaceae	1	1
水龙骨科 Polypodiaceae	8	3	马钱科 Loganiaceae	1	1
五列木科 Pentaphylacaceae	8	2	膜蕨科 Hymenophyllaceae	1	1
大麻科 Cannabaceae	7	5	木贼科 Equisetaceae	1	1
防己科 Menispermaceae	7	5	青荚叶科 Helwingiaceae	1	1
虎耳草科 Saxifragaceae	7	4	青皮木科 Schoepfiaceae	1	1
桔梗科 Campanulaceae	7	5	秋海棠科 Begoniaceae	1	1

续表 2.2

科名	物种数	属数	科名	物种数	属数
柳叶菜科 Onagraceae	7	4	球子蕨科 Onocleaceae	1	1
小檗科 Berberidaceae	7	5	石松科 Lycopodiaceae	1	1
叶下珠科 Phyllanthaceae	7	3	睡菜科 Menyanthaceae	1	1
葫芦科 Cucurbitaceae	6	3	檀香科 Santalaceae	1	1
金丝桃科 Hypericaceae	6	1	桃金娘科 Myrtaceae	1	1
马兜铃科 Aristolochiaceae	6	2	土人参科 Talinaceae	1	1
千屈菜科 Lythraceae	6	5	乌毛蕨科 Blechnaceae	1	1
山茶科 Theaceae	6	3	仙茅科 Hypoxidaceae	1	1
榆科 Ulmaceae	6	2	香蒲科 Typhaceae	1	1
红豆杉科 Taxaceae	5	3	小二仙草科 Haloragaceae	1	1
胡桃科 Juglandaceae	5	4	岩菖蒲科 Tofieldiaceae	1	1
桦木科 Betulaceae	5	3	岩蕨科 Woodsiaceae	1	1
金粟兰科 Chloranthaceae	5	1	杨梅科 Myricaceae	1	1
金星蕨科 Thelypteridaceae	5	4	野牡丹科 Melastomataceae	1	1
爵床科 Acanthaceae	5	4	银杏科 Ginkgoaceae	1	1
木通科 Lardizabalaceae	5	5	雨久花科 Pontederiaceae	1	1
漆树科 Anacardiaceae	5	4	泽泻科 Alismataceae	1	1
山矾科 Symplocaceae	5	1	沼金花科 Nartheciaceae	1	1
石蒜科 Amaryllidaceae	5	2	紫茉莉科 Nyctaginaceae	1	1
柿科 Ebenaceae	5	1	紫萁科 Osmundaceae	1	1
薯蓣科 Dioscoreaceae	5	1	紫葳科 Bignoniaceae	1	1
松科 Pinaceae	5	4	棕榈科 Arecaceae	1	1
五味子科 Schisandraceae	5	3			

维管植物中具有 10 属以上的科分别为禾本科(Poaceae)、菊科(Asteraceae)、蔷薇科(Rosaceae)、唇形科(Lamiaceae)、豆科(Fabaceae)、伞形科(Apiaceae)、茜草科(Rubiaceae)、兰科(Orchidaceae)、毛茛科(Ranunculaceae)、天门冬科(Asparagaceae)等 10 科,共有 269 属;含 5~9 属的科有莎草科(Cyperaceae)、杜鹃花科(Ericaceae)、樟科(Lauraceae)、鼠李科(Rhamnaceae)、荨麻科(Urticaceae)、五加科(Araliaceae)、锦葵科(Malvaceae)、茄科(Solanaceae)、报春花科(Primulaceae)、石竹科(Caryophyllaceae)、绣球花科(Hydrangeaceae)、大戟科(Euphorbiaceae)、列当科(Orobanchaceae)、蓼科(Polygonaceae)、木樨科(Oleaceae)、天南星科(Araceae)、车前科(Plantaginaceae)、木兰科(Magnoliaceae)、旋花科(Convolvulaceae)、芸香科(Rutaceae)、紫草科(Boraginaceae)、柏科(Cupressaceae)、壳斗科

(Fagaceae)、夹竹桃科(Apocynaceae)、忍冬科(Caprifoliaceae)、杨柳科(Salicaceae)、葡萄科(Vitaceae)、桑科(Moraceae)、百合科(Liliaceae)、金缕梅科(Hamamelidaceae)、苋科(Amaranthaceae)、大麻科(Cannabaceae)、防己科(Menispermaceae)、桔梗科(Campanulaceae)、小檗科(Berberidaceae)、千屈菜科(Lythraceae)、木通科(Lardizabalaceae)等37科231属;含4属以下的科有122科,共有211属。

维管植物中含10种以上的属有悬钩子属(*Rubus*)、堇菜属(*Viola*)、蓼属(*Persicaria*)、冬青属(*Ilex*)、刚竹属(*Phyllostachys*)、薹草属(*Carex*)、珍珠菜属(*Lysimachia*)、栎属(*Quercus*)、槭属(*Acer*)、菝葜属(*Smilax*)、蒿属(*Artemisia*)、莎草属(*Cyperus*)、景天属(*Sedum*)、铁线莲属(*Clematis*)、忍冬属(*Lonicera*)、山胡椒属(*Lindera*)等16属,共计219种;5～9种的属有56属,共有328种;含4种以下的属有639属,共有961种,占总种数的63.73%。

2.2 维管植物属区系成分分析

2.2.1 维管植物属区系组成

根据吴征镒等(2006)关于中国种子植物属的分布区类型划分的原则,以及《安徽植物志》(《安徽植物志》协作组,1985)描述的分布范围,可以将九华山世界地质公园的维管植物711属分成14个类型(表2.3)。

表2.3 九华山世界地质公园维管植物属的分布区类型

分布区类型和变型	属数	占属总数比例(%)
1.世界分布	63	8.86
2.泛热带分布	115	16.18
2-1 热带亚洲、大洋洲和南美洲(墨西哥)间断分布	(1)	
3.热带亚洲和热带美洲间断分布	18	2.53
4.旧世界热带分布	32	4.50
5.热带亚洲至热带大洋洲分布	19	2.67
6.热带亚洲至热带非洲分布	11	1.55
7.热带亚洲分布	43	6.05
7-1 爪哇(或苏门答腊),喜马拉雅间断或星散分布到中国的华南、西南	(14)	
7-2 热带印度至中国的华南(尤其云南南部)分布	(4)	
7-3 缅甸、泰国至中国西南分布	(1)	
7-4 越南(或中南半岛)至中国华南或西南分布	(2)	
7-5 菲律宾、中国海南和中国台湾间断分布	(4)	
8.北温带分布	141	19.83
8-4 北温带和南温带间断分布	(1)	

续表 2.3

分布区类型和变型	属数	占属总数比例(%)
9.东亚和北美洲间断分布	61	8.58
10.旧世界温带分布	59	8.30
10-1 地中海区、西亚和东亚间断分布	(2)	
10-3 欧亚和南部非洲间断分布	(1)	
11.温带亚洲分布	10	1.41
12.中亚、西亚至地中海分布	6	0.84
14.东亚分布	111	15.61
14-1 中国-喜马拉雅分布	(10)	
14-2 中国-日本分布	(46)	
15.中国特有分布	22	3.09
合　　计	711	100

注:括号表示该变型的属数不计入区系比例。

1)世界分布

地质公园内世界分布属共有 63 属,如龙胆属(*Gentiana*)和珍珠菜属(*Lysimachia*)是典型的世界性分布属。此外,该区系成分还包括紫菀属(*Aster*)、灯心草属(*Juncus*)、千里光属(*Senecio*)、蓼属(*Persicaria*)、铁线莲属(*Clematis*)、老鹳草属(*Geranium*)、银莲花属(*Anemone*)、毛茛属(*Ranunculus*)等。

2)泛热带分布

地质公园内泛热带分布属共有 115 属,占总属数的 16.17%,其中热带亚洲、大洋洲和南美洲间断变型有 1 属。本区系成分以小乔木、灌木和木质藤本植物属最为丰富,如冬青属(*Ilex*)、山矾属(*Symplocos*)、菝葜属(*Smilax*)、卫矛属(*Euonymus*)、花椒属(*Zanthoxylum*)、安息香属(*Styrax*)、醉鱼草属(*Buddleja*)、山蚂蝗属(*Desmodium*)、马兜铃属(*Aristolochia*)、木蓝属(*Indigofera*)和大青属(*Clerodendrum*)等;草质藤本植物属如薯蓣属(*Dioscorea*);草本植物属有凤仙花属(*Impatiens*)、牛膝属(*Achyranthes*)、鸭跖草属(*Commelina*)、秋海棠属(*Begonia*)等。

3)热带亚洲和热带美洲间断分布

地质公园内热带亚洲和热带美洲间断分布的植物共有 18 属,占总属数的 2.53%。如勾儿茶属(*Berchemia*)、姜子属(*Litsea*)、柃木属(*Eurya*)等。

4)旧世界热带分布

地质公园区内属于此类型的植物共有 32 属,占总属数的 4.50%,如海桐花属(*Pittosporum*)、八角枫属(*Alangium*)、天门冬属(*Asparagus*)等。

5)热带亚洲至热带大洋洲分布

这一类型主要分布于我国热带地区,有 19 属,占总属数的 2.67%。如樟属(*Cinnamomum*)、香椿属(*Tonna*)、通泉草属(*Mazus*)、淡竹叶属(*Lophatherum*)等。

6）热带亚洲至热带非洲分布

本类型为热带分布区类型，多为热带雨林植物，有少数种类分布于亚热带及温带地区。在地质公园内共有 11 属，占总属数的 1.55％，该分布区的代表属如鱼眼草属（*Dichrocephala*）。

7）热带亚洲分布

地质公园内属于该分布类型的共有 43 属，占总属数的 6.05％，变型较多。本类型主要分布于我国云南和华南的热带地区，如木莲属（*Manglietia*）、栲属（*Castanopsis*）、柯属（*Lithocarpus*）、木荷属（*Schima*）、赤杨叶属（*Alniphyllum*）。草本植物属比较丰富，如赤瓟属（*Thladiantha*）、冷水花属（*Pilea*）和吊石苣苔属（*Lysionotus*）。本类型中蛇莓属（*Duchesnea*）、臭节草属（*Boenninghausenia*）等起源于古南大陆和古北大陆（劳亚大陆）的南部，是古近纪和新近纪古热带植物区系的直接后裔。

8）北温带分布

地质公园的北温带分布属共有 141 属，占总属数的 19.83％。其中松科、蔷薇科、忍冬科、菊科、桦木科、壳斗科、百合科、唇形花科、毛茛科、伞形科、禾本科和杜鹃花科的属较多。本类型中木本属尤为丰富，如松属（*Pinus*）、红豆杉属（*Taxus*）、槭属（*Acer*）、桤木属（*Alnus*）、桦木属（*Betula*）、鹅耳枥属（*Carpinus*）、水青冈属（*Fagus*）、杜鹃属（*Rhododendron*）、稠李属（*Prunus*）、忍冬属（*Lonicera*）、荚蒾属（*Viburnum*）、花楸属（*Sorbus*）和榛属（*Corylus*）等。草本植物也较多，如报春花属（*Primula*）、马先蒿属（*Pedicularis*）、风毛菊属（*Saussurea*）、蒿属（*Artemisia*）、虎耳草属（*Saxifraga*）、乌头属（*Aconitum*）、翠雀属（*Delphinium*）和委陵菜属（*Potentilla*）等。

9）东亚和北美洲间断分布

地质公园内属于此类型的植物共有 61 属，占总属数的 8.58％，如绣球属（*Hydrangea*）、五味子属（*Schisandra*）、八角属（*Illicium*）、木兰属（*Magnolia*）、楤木属（*Aralia*）、十大功劳属（*Mahonia*）等。

10）旧世界温带分布

地质公园内旧世界温带分布属共有 59 属，占总属数的 8.30％。其中地中海区、西亚和东亚间断变型有 2 属，欧亚和南非洲间断变型有 1 属。草本植物有橐吾属（*Ligularia*）、苜蓿属（*Medicago*）、琉璃草属（*Cynoglossum*）和刺参属（*Morina*）等。木本属有女贞属（*Ligustrum*）、火棘属（*Pyracantha*）和瑞香属（*Daphne*）等。

11）温带亚洲分布

地质公园内温带亚洲分布属共有 10 属，占总属数的 1.41％。主要为草本属植物，如马兰属（*Kalimeris*）等。

12）中亚、西亚至地中海分布

地质公园内仅有 6 属为这一分布类型，占总属数的 0.84％，如黄连木属（*Pistacia*）、菠菜属（*Spinacia*）、豌豆属（*Pisum*）、糖芥属（*Erysimum*）和茴香属（*Foeniculum*）等。

13）中亚分布

地质公园内缺少本类型。

14）东亚分布

地质公园内东亚分布属共有 111 属,占总属数的 15.61%,其中中国-喜马拉雅分布有 10 属,中国-日本分布有 46 属。本类型以木本植物属居多,其中以猕猴桃属(*Actinidia*)、野丁香属(*Leptodermis*)、旌节花属(*Stachyurus*)、山茱萸属(*Cornus*)、青荚叶属(*Helwingia*)和五加属(*Acanthopanax*)较为典型。此外,还有许多古老属,如连香树属(*Cercidiphyllum*)、领春木属(*Euptelea*)、三尖杉属(*Cephalotaxus*)、猫儿屎属(*Decaisnea*)等。

15）中国特有分布

地质公园内中国特有分布属有 22 属,占总属数的 3.09%。主要包括鬼臼属(*Dysosma*)、箭竹属(*Fargesia*)、杉木属(*Cunninghamia*)等。

2.2.2 植物区系特点

2.2.2.1 区系成分复杂

地质公园内维管植物属分布型共有 14 个类型(属分布型系统共 15 种),缺乏中亚分布型,这足以说明其区系成分的多样性(表 2.3)。

2.2.2.2 区系成分以温带为主

地质公园内温带区系成分占绝对优势,各类温带植物共有 385 属,占总属数的 54.15%。其中,木本属最为丰富,具有代表性的有杜鹃属(*Rhododendron*)、荚蒾属(*Viburnum*)、花楸属(*Sorbus*)、猕猴桃属(*Actinidia*)、旌节花属(*Stachyurus*)、青荚叶属等。

2.2.2.3 起源古老和孑遗植物较多

由于地质公园的地形复杂多样,气候独特,存在一定量的第四纪以前的孑遗植物属。在孑遗植物中,蕨类植物有古近纪的凤尾蕨属(*Pteris*)、石松属(*Lycopodium*)及海金沙属(*Lygodium*)等古老属植物。裸子植物中有产于白垩纪的三尖杉属(*Cephalotaxus*)、柳杉属(*Cryptomeria*)、杉木属(*Cunninghamia*)等。被子植物有栲属、栎属、木荷属、臭节草属(*Boenninghausenia*)、五味子属(*Schisandra*)、领春木属(*Euptelea*)、连香树属(*Cercidiphyllum*)、榛属(*Corylus*)、水青冈属(*Fagus*)、木兰属(*Magnolia*)等。

2.2.2.4 部分物种的模式标本产地

九华山是 7 种植物的模式标本产地。即九华蒲儿根(菊科)(*Sinosenecio jiuhuashanicus*)、九华薹草(莎草科)(*Carex manca* subsp. *jiuhaensis*)、安徽金粟兰(金粟兰科)(*Chloranthus anhuiensis*)、秦榛钻地风(绣球花科)(*Schizophragma corylifolium*)、青阳薹草(莎草科)(*Carex qingyangensis*)、九华山母草(母草科)(*Lindernia jiuhuanica*)、毛山鼠李(鼠李科)(*Rhamnus wilsonii* var. *pilosa*)。

1）九华蒲儿根

菊科蒲儿根属,为茎生叶矮小草本。根状茎短,径 5～8mm,颈部被白色绒毛,覆盖以宿存残叶基,具多数纤维状根。茎单生,直立,或有时弯曲,高 13~15cm,不分枝,被多细胞长柔毛及白色多少脱落棉毛状绒毛。基生叶数个,莲座状,具长柄,叶片圆形,长、宽 2~3.5cm,基部心形,边缘具波状齿,齿宽且具小尖,上面被贴生柔毛及薄棉毛状绒毛,下面被白色棉毛状绒毛,5~7 掌状脉;叶柄长 3.5~6cm,被密褐色长柔毛及或多或少蛛丝状绒毛,基部扩大;茎生叶 4,叶片与基生叶同形,下部叶的叶柄具翅,扩大成圆形半抱茎的耳,叶耳径达 1.5cm,具三角形齿,最上部叶无柄,叶片与耳合生。头状花序 3~4 排列成顶生伞房花序,径约 2cm;花序梗长 1~1.5cm,被密白色绒毛,无苞片。总苞半球状钟形,长 7mm,宽约 8mm,无外层苞片;总苞片草质,约 13 片,为 1 层,长圆状披针形,长 7mm,宽 1.5~2mm,顶端尖或渐尖,红紫色,具缘毛,边缘宽干膜质,外面被白色蛛丝状绒毛,或多少脱毛。舌状花约 15 枚,管部长 1.5~2mm,舌片黄色,长圆形,长 7.5~8mm,宽 1.5~1.7mm,顶端钝,具 3 细齿、4 脉;管状花多数,花冠黄色,长 4mm,管部长 1~1.5mm,檐部钟状;裂片卵状长圆形,长 1mm,顶端尖;花药长圆形,长约 1mm,基部钝或圆形,附片卵状披针形;花柱分枝外弯,长 0.7mm,顶端截形,被微毛。子房圆柱形,长 1~1.2mm,被疏柔毛;冠毛白色,长 2mm。花期 4 个月。生于山沟水边,阴湿岩石缝隙中,海拔 1200m 左右,在花台常见。

2)九华薹草

莎草科薹草属,根状茎粗短,木质。秆侧生,高 30~70cm,三棱形,纤细,平滑,基部具无叶片的叶鞘。不育的叶长于秆,宽 6~10mm,平张,基部对折,上部边缘粗糙,先端渐尖,革质。苞片短叶状,具长鞘。小穗 2~3 个,彼此远离,顶生 1 个雄性,线状圆柱形,长 4~5cm;小穗柄长约 5cm;侧生小穗雌性,圆柱形,长 2~3cm,花稍密生;小穗柄短。雌花鳞片长圆状披针形或卵状披针形,具短尖。黄白色,背面 3 脉绿色。果囊长于鳞片,斜展,菱状椭圆形、三棱形,长 6~7mm,近革质,黄绿色,被稀疏柔毛,具多数细脉,基部收缩成短柄,上部急缩成长喙,喙缘无刺,喙口具 2 齿。小坚果紧包于果囊中,黄褐色,卵形,三棱状,长约2.5mm,中部一边的棱上有时凹陷;花柱基部变粗,柱头 3 个。

3)安徽金粟兰

金粟兰科金粟兰属,多年生草本,高 32~50cm;根状茎具多数细长须根,有香气;茎直立,单生或数个丛生,有 5~7 个明显的节,节间长 0.7~2.5cm,下部节上对生 2 片鳞状叶。叶对生,4 片,有时为 6 片,生于茎上部,纸质,椭圆形至宽椭圆形,长 10~13cm,宽 4~7cm,顶端渐狭成长尖,基部宽楔形,边缘具细而密的锐锯齿,齿端有一腺体,背面无毛;侧脉 6~7 对;叶柄长 0.7~2.5cm;鳞状叶三角形,膜质。穗状花序数条,腋生和顶生,细弱,连总花梗长 1.5~5.5cm;苞片宽倒卵形;花小,排列稀疏,白色;雄蕊 1 枚,着生于子房上部外侧,药隔长圆形,长约 0.7mm,花药 2 室,药隔顶端不突出,与药室几等长;子房卵形,长约 1mm,无花柱,柱头近头状。核果倒卵形,具短柄。花期 6~7 个月,果期 8 个月。生长在海拔 500~700m 的山坡、沟边林下阴湿处。

4)秦榛钻地风

虎耳草科钻地风属,木质藤本或灌木状;小枝灰褐色,初时疏被柔毛,后变无毛,具纵条纹。叶纸质,阔卵形、近圆形或阔倒卵形,长 6.5~11cm,宽 4~8cm,先端具骤尖头或短尖头,基部浅心形或近圆形,边缘近中部以上有锯状粗齿,干后上面暗黄褐色,无毛或有时中脉上被少许柔毛,下面黄灰色,沿脉密被长柔毛,中脉和侧脉在上面常凹入(指较老的叶),下面凸起;侧脉 6～8 对,直,斜举,与中脉近等粗,且常有 1～4 条与侧脉近等粗的 2 级分支,小脉网状,两面明显;叶柄长 2～10cm,初时被毛,后渐变无毛。伞房状聚伞花序,直径 8～17cm,初时被长柔毛,结果时渐变近无毛;不育花花梗短,长不及 1cm,萼片单生,椭圆形或卵形,长 2～3cm,宽 1～2.2cm,先端略尖,基部钝或圆形,有基出脉 3～5 条,中间 1 条较粗;孕性花萼筒倒圆锥状,长约 2mm,无毛,萼齿钝三角形,长约 0.5mm;花瓣长圆形,长 1.8～2mm;雄蕊较短,近等长,盛开时长约 3mm,花药近圆形,长约 0.5mm;子房近下位,花柱短,先端短 5 裂。蒴果(未成熟)倒圆锥形,长 4～5mm,无毛,棱不明显,顶端稍突出,平拱状。花期 5～6 个月。在海拔 115～1200m 的山谷溪边杂木林中均有生长。

5)青阳薹草

莎草科薹草属,根状茎木质,斜生。秆高 25～40cm,钝三棱形,光滑。叶与秆近等长,平张,宽 3～4mm,坚挺,质硬,边缘粗糙,基部具黄褐色或紫褐色,分裂呈纤维状的宿存叶鞘。苞片佛焰苞状,苞鞘背面绿色,腹面黄褐色,边缘白色膜质,顶端具刚毛状的苞叶。小穗 4～5 个,彼此疏远;顶生的 1 个雄性,具长的小穗柄,高出其下的雌小穗,圆柱形,长 4～5cm,具多数密生的花;侧生的 3～4 个小穗雌性,圆柱形,长 2～3cm,粗约 3mm,具多数密生的花;小穗柄不伸出或微伸出鞘外。雄花鳞片倒披针形,长约 7mm,顶端渐尖,膜质,淡褐色,边缘白色透明,有 1 条中脉;雌花鳞片卵状披针形,长 2.2～2.5mm,顶端渐尖,纸质,淡绿色,具白色膜质边缘,有 1～3 条脉。果囊稍短于鳞片,椭圆形,钝三棱形,长 2～2.2mm,麦秆黄色,密被短柔毛,具 2 侧脉,无细脉,基部收缩成短柄,顶端骤缩成外弯的短喙,喙口斜截形。小坚果椭圆形,三棱形,长约 2mm,基部几无柄,顶端具外弯的短喙;花柱基部稍增粗,柱头 3 个。生于山坡林缘。

6)九华山母草

母草科陌上菜属,一年生植物,10～15cm 高。茎直立,分枝,皮损,稀疏的腺体毛。叶柄,宽卵形,稀疏腺体多毛,边缘完整,顶端急尖;静脉丛基本平行。花腋窝。3～10mm 的花梗,很少有亚固着。花萼约 3mm,几乎全裂;茎叶线形披针形,外腺毛。花冠蓝紫色,约 4.5mm;下唇 3 裂,中叶 2 分开;上唇顶端微凹。可育雄蕊 2,包括花丝约 0.5mm;退化雄蕊 2。蒴果卵圆形,约 4mm,比宿存的萼片稍长。种子浅褐色,圆筒状菱形;种皮网状。

7)毛山鼠李

灌木,高 1～3m;小枝互生或兼近对生,银灰色或灰褐色,无光泽,枝端有时具钝针刺,顶芽卵形,有数个鳞片,鳞片浅绿色,有缘毛。叶纸质或薄纸质,互生或稀兼近对生,在当年生枝基部或短枝顶端簇生,通常为宽椭圆形,宽达 7.5cm,顶端渐尖或长渐尖,尖头直或弯,基部楔形,边缘具钩状圆锯齿,侧脉每边 5～7 条,上面稍下陷,下面凸起,有较明显的网脉;幼枝,叶下面特别沿脉和叶柄被柔毛。花单性,雌雄异株,黄绿色,数个至 20 余个簇生于当年生枝基部或 1 至数个腋生,4 基数;花梗长 6～10mm;雄花有花瓣;雌花有退化雄蕊,子房球形,3 室,每室有 1 胚珠,花柱长于子房,3 浅裂或近半裂。核果倒卵状球形,长约 9mm,直径 6～7mm,成熟时紫黑色或黑色,具 2～3 分核,基部有宿存的萼筒;果梗长 6～15mm,无毛;种子倒卵状矩圆形,暗褐色,长约 6.5mm,背面基部至中部有长为种子 1/2 沟,无沟缝。生于山坡林缘或灌木丛中,海拔 400～1600m。

2.3 九华山世界地质公园国家重点保护野生植物

根据国家林业和草原局、农业农村部公告 2021 年第 15 号《国家重点保护野生植物名录》,公园内列入国家重点保护野生植物共 29 种,其中国家一级保护植物 4 种(栽培 2 种),国家二级保护植物 25 种(表 2.4)。

表 2.4 九华山世界地质公园国家重点保护植物一览表

序号	物种	学名	保护级别	备注
1	水杉	*Metasequoia glyptostroboides* Hu & W. C. Cheng	I	栽培
2	银杏	*Ginkgo biloba* L.	I	栽培
3	建兰	*Cymbidium ensifolium*（L.）Sw.	I	
4	扇脉杓兰	*Cypripedium japonicum* Thunb.	I	
5	夏蜡梅	*Calycanthus chinensis*（W. C. Cheng & S. Y. Chang）W. C. Cheng & S. Y. Chang ex P. T. Li	II	
6	短萼黄连	*Coptis chinensis* var. *brevisepala* W. T. Wang et Hsiao	II	
7	蛇足石杉	*Huperzia serrata*（Thunb. ex Murray）Trevis.	II	
8	秤锤树	*Sinojackia xylocarpa* Hu	II	
9	杜鹃兰	*Cremastra appendiculata*（D. Don）Makino	II	
10	香果树	*Emmenopterys henryi* Oliv.	II	
11	七叶一枝花	*Paris polyphylla* Smith	II	
12	软枣猕猴桃	*Actinidia arguta*（Sieb. et Zucc.）Planch. ex Miq.	II	
13	中华猕猴桃	*Actinidia chinensis* Planch.	II	
14	茶	*Camellia sinensis*（L.）O. Ktze.	II	
15	连香树	*Cercidiphyllum japonicum* Sieb. et Zucc.	II	
16	天竺桂	*Cinnamomum japonicum* Sieb.	II	
17	八角莲	*Dysosma versipellis*（Hance）M. Cheng ex Ying	II	
18	金荞麦	*Fagopyrum dibotrys*（D. Don）Hara	II	
19	黄山梅	*Kirengeshoma palmata* Yatabe	II	
20	鹅掌楸	*Liriodendron chinense*（Hemsl.）Sarg.	II	
21	凹叶厚朴	*Houpoea officinalis* subsp. *biloba*（Rehd. et Wils.）Law	II	
22	蛛网萼	*Platycrater arguta* Sieb. et Zucc.	II	
23	独蒜兰	*Pleione bulbocodioides*（Franch.）Rolfe	II	

续表 2.4

序号	物种	学名	保护级别	备注
24	金钱松	*Pseudolarix amabilis*（J. Nelson）Rehder	II	
25	红椿	*Toona ciliata* Roem.	II	
26	榧树	*Torreya grandis* Fort. ex Lindl.	II	
27	狭叶重楼	*Paris polyphylla* var. *stenophylla* Franch.	II	
28	天目贝母	*Fritillaria monantha* Migo	II	
29	六角莲	*Dysosma pleiantha*（Hance）Woodson	II	

第3章 九华山世界地质公园的自然植被

3.1 植被调查方法与植被分类系统

依据《中国植被》分类原则、单位及方法,参考《安徽植被》《安徽森林》,对本次野外调查的样线样方进行了分析。凡建群种生活型相近、群落外貌相似的植物群落联合为植被型组(vegetation type group),不设编号;建群种生活型相同或近似,同时水热条件、生态关系一致的植物群落联合为植被型(vegetation type),是分类系统中的高级单位,用Ⅰ、Ⅱ、Ⅲ……表示;在植被型内,根据优势层片或指示层片的差异进一步划分为植被亚型(vegetation subtype),作为植被型的辅助单位,用一、二、三……表示;在植被型或植被亚型内,建群种亲缘关系近似(同属或相近属),生活型近似或生境近似,生态特点相同的植物群落划入群系组(formation group),属于群系以上的辅助单位,用(一)、(二)、(三)……表示;凡建群种或共建种相同的植物群落联合为群系(formation),是分类系统中的中级单位,用1、2、3……表示;在群系之下,为了更好地说明群系的特征,可设立群丛组(association group),作为一个辅助单位;植被分类的基本单位是群丛(association),指层片结构相同,各层片的优势种或共优种相同的植物群落。

根据上述划分标准,建立了九华山世界地质公园的植被分类系统。由于公园范围内植被类型较简单,同时各群落的物种组成因长时间的反复人为干扰,群落组成成分也较简单。

针叶林

Ⅰ.常绿针叶林

(一)马尾松林

1.马尾松-杜鹃、檵木-蕨群落

(二)黄山松林

1.黄山松-蜡瓣花、柃木、杜鹃群落

(三)杉木林

1.杉木-阔叶箬竹-五节芒群落

2.杉木-檵木、尖连蕊茶-狗脊群落

(四)针叶树混交林

1.杉木、马尾松-柃木-竹子群落

2.杉木、黄山松混交群落

Ⅱ.针-阔叶混交林

(一)杉竹混交林

1.杉木、毛竹-阔叶箬竹群落

2.杉木、毛竹群落

阔叶林

Ⅲ.**常绿-落叶阔叶混交林**

1.小叶青冈、灯台树、枫香树-阔叶箬竹群落

2.小叶青冈、甜槠、檫木混交群落

Ⅳ.**竹林**

(一)单轴型竹林

1.毛竹-阔叶箬竹群落

灌丛

Ⅴ.**落叶灌丛**

1.枹栎、茅栗、大叶胡枝子群落

2.枹栎、竹子群落

3.化香树、美丽胡枝子群落

4.化香树、山胡椒、竹子群落

3.2　主要植被类型概述

依据上述分类系统,对九华山世界地质公园的植被进行分类描述。

3.2.1　针叶林

首先根据各针叶林的物种组成外貌,将九华山山系的针叶林分为常绿针叶林、针-阔叶混交林等两种植被类型。

Ⅰ.**常绿针叶林**

常绿针叶林按群落的建群种与优势种,可分为马尾松林、黄山松林、杉木林 3 个群系。

(一)马尾松林

该群系主要有 1 个群丛。

1.马尾松-杜鹃、檵木-蕨群丛

马尾松林在九华山区分布较广,主要分布在竹林之上,即海拔 200～600m。林下枯枝落叶层厚约 2cm,覆盖地表面积较大。群落郁闭度不大,尤其在 2013 年前后松毛虫病的爆发,导致该群落的面积处于减少状态;同时,马尾松群落离村庄较近,频繁受到砍伐等影响,随着大部分劳动力外出务工,一些阔叶树种得以恢复形成乔木次层。

群落乔木层上层为单优的马尾松(*Pinus massoniana*),偶然杂以枫香树(*Liquidambar formosana*)、山槐(*Albizia kalkora*)等;乔木次层以乌桕(*Triadica sebifera*)、化香树(*Platycarya strobilacea*)、盐肤木(*Rhus chinensis*)、茅栗(*Castanea seguinii*)等为主。林内缺

乏马尾松幼苗与幼树,但较多阔叶树的萌生幼树、幼苗,如苦槠(*Castanopsis sclerophylla*)、化香树等;林外空地存在一定数量的马尾松幼苗。

群落灌木层的盖度约 40%,主要种为杜鹃(*Rhododendron simsii*)、檵木(*Loropetalum chinense*),一般高度在 1m 以下,其他种类有白栎(*Quercus fabri*)、枹栎(*Quercus serrata*)、珍珠花(*Lyonia ovalifolia*)、茅栗、胡枝子属(*Lespedeza* spp.)、山胡椒(*Lindera glauca*)、柃木(*Eurya japonica*)、乌药(*Lindera aggregata*)、绿叶甘橿(*Lindera neesiana*)、野鸦椿(*Euscaphis japonica*)、山莓(*Rubus corchorifoliu*)、盾叶莓(*Rubus peltatus*)等。

草本植物的种类较单一,以蕨类植物为优势,由于受到人为干扰,禾本科、莎草科也不常见。

藤本植物在林中不发达,常见的以菝葜(*Smilax china*)为主。

(二)黄山松林

黄山松林在该区主要有 1 个群丛。

1.黄山松-蜡瓣花、柃木、杜鹃群丛

黄山松在九华山分布很广,在整个植被中占显著的地位,600~700m 以上的山坡较为普遍。该物种生命力强,最能耐寒抗风,在悬崖峭壁到处都可找到它的踪迹,即使在岩石隙缝中也能生长。在高山顶部由于风的影响,常可见到树冠成伞形或旗形;同时枝条往往向空旷处生长形成当地有特色的观赏树景,如"凤凰松""吉祥松"等。

黄山松分布区多基岩露头,土层浅薄,枯落物覆盖地表 70%~80%。乔木层除建群种外,其他树种少见,偶有杉木(*Cunninghamia lanceolata*)混生其中。群落郁闭度不大,黄山松的更新情况良好;同时还有枹栎、冬青(*Ilex chinensis*)、麻栎(*Quercus acutissima*)、山槐、豹皮樟(*Litsea coreana* var. *sinensis*)等的幼树。

灌木层种类以柃木、蜡瓣花(*Corylopsis sinensis*)和杜鹃花属的马银花(*Rhododendron ovatum*)、杜鹃、腺萼马银花(*Rhododendron bachii*)、满山红(*Rhododendron mariesii*)等为优势,杂以山鸡椒(*Litsea cubeba*)、野鸦椿、海金子(*Pittosporum illicioides*)、珍珠花、毛果珍珠花(*Lyonia ovalifolia* var. *hebecarpa*)、茅栗等。

草本层中的草本以蕨(*Pteridium aquilinum* var. *latiusculum*)、禾本科的五节芒(*Miscanthus floridulus*)、莎草科薹草属(*Carex* spp.)植物等为优势,优势不明显,盖度也低。

藤本植物以菝葜、忍冬(*Lonicera japonica*)等为常见。

(三)杉木林

本类型有 2 个群丛,纯林较少,多与毛竹、马尾松等混生。

1.杉木-阔叶箬竹-五节芒群丛

分布海拔一般在 500~900m。乔木层以杉木为单优种,夹杂极少数黄山松、蓝果树(*Nyssa sinensis*)、三尖杉(*Cephalotaxus fortunei*)等;灌木层较发达,但以阔叶箬竹(*Indocalamus latifolius*)为优势种,兼有极少数乌药(*Lindera aggregata*)、尖连蕊茶(*Camellia cuspidata*)、野鸦椿、檵木等;草本层以五节芒为优势种,夹杂少量蕨类和淡竹叶(*Lophatherum gracile*)等禾本科植物。

2.杉木-檵木、尖连蕊茶-狗脊群丛

本类型分布于毛竹林上方,海拔较低(200～500m),多为人工栽培。群落分层较明显,乔木层以杉木单优种,偶尔伴生有毛竹(*Phyllostachys edulis*);灌木层稀疏,以檵木、尖连蕊茶为优势,也常见阔叶箬竹、柃木等;草本层以狗脊(*Woodcardio japonica*)、五节芒等为优势,尚有蕨、淡竹叶等。藤本植物以菝葜、金樱子(*Rosa laevigata*)等为主。

(四)针叶树混交林

本类型共 2 个群系,各含 1 个群丛。

1.杉木、马尾松-柃木-竹子群丛

乔木层优势树种为杉木、马尾松,杂以其他针叶树或阔叶树,如刺柏(*Juniperus formosana*)、枹栎、枫香树、鹅耳枥属(*Carpinus* spp.)、山槐等。优势物种杉木以萌生更新为主,幼树较多;马尾松则在林窗实生更新。

灌木层则以杜鹃、柃木、多种竹为主,杂以珍珠花、金樱子、乌药、绿叶甘橿、毛果珍珠花等。

草本层则以五节芒、大油芒(*Spodiopogon sibiricus*)等高大草本为主,莎草科的莎草属、薹草属等较多。

2.杉木、黄山松混交群丛

乔木层以杉木、黄山松为优势物种,杂以枹栎、细叶青冈(*Cyclobalanopsis gracilis*)、茅栗、白栎等的萌生植株。

灌木层以枹栎、柃木占优势,另有马银花、珍珠花、满山红、杜鹃、茅栗、茶(*Camellia sinensis*)等混生,封育成效较明显,多成小乔木状。

草本层生长稀疏,稍常见的有蕨、五节芒、大油芒和莎草科植物。藤本植物以菝葜为主。

Ⅱ.针-阔叶混交林

本类型乔木层以黄山松、杉木、马尾松等针叶树种为共优种或共建种,杂以阔叶的落叶或常绿树种。

(一)杉竹混交林

本类型混交林在九华山世界地质公园分布很广,海拔范围大概在 500～800m 之间,包括 2 个群丛。

1.杉木、毛竹-阔叶箬竹群丛

本类型分布海拔在 500～800m 之间。本群丛乔木层种类单一,以杉木、毛竹为共建种,偶伴生有枫香树、蓝果树、金钱松(*Pseudolarix amabilis*)、化香树等。由于近年采挖严重,毛竹繁殖量增大,杉木等物种正逐步消失,远观外貌则多认为是毛竹林。

灌木层以阔叶箬竹为单优种,其余种类和个体数均较稀少,常见物种有茶、檵木、青荚叶(*Helwingia japonica*)、绿叶甘橿、山胡椒、乌药等,总盖度约 15%,高度较低。

草本层在群落中的作用可以忽略不计,物种以菊科、莎草科为主,杂以百合科和禾本科、紫萁科。

藤本植物多在群落边缘生长,常见如木防己(*Cocculus orbiculatus*)、菝葜、华东菝葜(*Smilax sieboldii*)、金银忍冬(*Lonicera maackii*)、铁线莲属(*Clematis* spp.)、蘡薁(*Vitis bryoniifolia*)、黄蜡果(*Stauntonia brachyanthera*)、大血藤(*Sargentodoxa cuneata*)、清风藤(*Sabia japonica*)等,但个体数少。

2.杉木、毛竹群丛

本类型分布海拔在600~900m之间。乔木层中除毛竹、杉木外,几乎没有其他树种。灌木稀疏,物种较少,有尖连蕊茶、枹木、绿叶甘橿、檵木等零星分布。草本层则以百合科、菊科为主,个体数少,无明显优势种,但林外密集生长有蕺菜等多种草本。

3.2.2 阔叶林

九华山世界地质公园内阔叶林除竹林外,面积很小,不占优势。由于人地关系的变化,在山顶存在一定面积的次生灌木林,主要为常绿-落叶阔叶混交林。

Ⅲ.常绿-落叶阔叶混交林

1.小叶青冈、灯台树、枫香树-阔叶箬竹群落

乔木层大致可以分为两层,第一层高15m以上,第二层高6~15m,乔木层郁闭度约0.9。第一层的主要物种有灯台树(*Cornus controversa*)、枫香树、小叶青冈、蓝果树、青钱柳(*Cyclocarya paliurus*)等;第二层则以灯台树、山胡椒为优势。

灌木层以阔叶箬竹为绝对优势,其他物种的种类和数量均很少,常见物种仅山胡椒、竹子等。

草本层也十分稀疏,主要有兔儿伞(*Syneilesis aconitifolia*)、油点草(*Tricyrtis macropoda*)、鸭跖草(*Commelina communis*)、黄精属(*Polygonatum* spp.)、透骨草(*Phryma leptostachya* subsp. *asiatica*)、风轮菜(*Clinopodium chinense*)、鳞毛蕨属(*Dryopteris* spp.)等。藤本植物不发达。

灌木层、草本层和藤本植物不发达的原因可能在于阔叶箬竹密度太大而抢占了其他物种的生态位。

2.小叶青冈、甜槠、檫木混交群丛

本类型属于区域地带性植被,但群落面积十分小,仅残存于山顶、深谷两侧或频繁砍伐后恢复成林。乔木层主要物种为小叶青冈、甜槠、青冈等常绿物种,落叶物种有檫木(*Sassafras tzumu*)、金钱松、黄檀(*Dalbergia hupeana*)等。

灌木层主要物种为瑞香(*Daphne odora*)、尖连蕊茶、枹木、马银花、紫金牛(*Ardisia japonica*)、阔叶箬竹等。阔叶箬竹杆较稀疏。

草本层则以狗脊、淡竹叶、兔儿伞、薹草属等常见。

Ⅳ.竹林

(一)单轴型竹林

1.毛竹-阔叶箬竹群丛

毛竹林在九华山的垂直分布从海拔200~800m,分布面积最大、范围最广。多靠近沟谷,随着毛竹的扩展,一些混生的物种如杉木逐步减少。

毛竹林分层明显,乔木层以毛竹占绝对优势,可能是人为清理或者生态位竞争,毛竹林下植物非常不发达,仅在林窗部分存在灌木层和草本层。灌木层主要物种常见阔叶箬竹、乌药、

山胡椒、野鸦椿、细柱五加（*Eleutherococcus nodiflorus*）等，高度较小。草本层稀疏，物种匮乏，缺乏优势种。

3.2.3　灌丛

Ⅴ.落叶灌丛

1.枹栎、茅栗、大叶胡枝子群落

本群落在九华山世界地质公园内分布广泛，为反复人为干扰后形成。群落高度最高2.5m，优势物种为萌生的乔木树种，如枹栎、茅栗等落叶植物，其余常见乔木物种有山槐、化香树、响叶杨（*Populus adenopoda*）等。灌木种类以大叶胡枝子（*Lespedeza davidii*）、杜鹃为优势物种，其余常见冻绿（*Rhamnus utilis*）、白檀（*Symplocos paniculata*）、野山楂（*Crataegus cuneata*）等。

草本层盖度约30%，物种以高大的禾本科植物，如五节芒、金茅（*Eulalia speciosa*）、野古草（*Arundinella hirta*）、黄背草（*Themeda japonica*）等为主，常见的如墓头回（*Patrinia heterophylla*）、龙牙草（*Agrimonia pilosa*）、前胡（*Peucedanum praeruptorum*）、星宿菜（*Lysimachia fortunei*）、山罗花（*Melampyrum roseum*）、桔梗（*Platycodon grandiflorus*）等。藤本植物则以菝葜、山葛（*Pueraria montana*）为常见。

2.枹栎、竹子群落

本群落最大特点是个体数、覆盖度均以竹子为绝对优势，其次为萌生的枹栎。常见的乔木类物种还有茅栗、化香树、响叶杨、黄檀、山槐、枫香树等；灌木类物种有大叶胡枝子、杜鹃、冻绿、白檀、野山楂、山胡椒、算盘子（*Glochidion puberum*）、绿叶甘橿等落叶树种，少量的常绿树种如乌药、珍珠花、枸木等杂生其间。

草本层稀疏，无明显优势种。常见物种如下：五节芒、金茅、野古草、黄背草、墓头回、龙牙草、前胡、星宿菜、山罗花、桔梗等。

3.化香树、美丽胡枝子群落

灌丛的盖度达70%，植株高度较高，多为2.5~3m。主要乔木类物种为化香树、枹栎、黄檀、山槐等；灌木类物种以美丽胡枝子（*Lespedeza thunbergii* subsp. *formosa*）、杜鹃为优势，在花期十分漂亮。

草本层高度较大，禾本科高大草本如金茅、五节芒、大油芒、黄背草、野古草等密集生长，优势明显。

4.化香树、山胡椒、竹子群落

本群落主要树种以化香树、山胡椒为优势，伴生有茅栗、枹栎、盐肤木、山槐、白栎等物种的萌生植株；灌木类物种有竹子、杜鹃、珍珠花、胡枝子、檵木、枸木、野鸦椿、绿叶甘橿等。

草本层物种较少，植株稀疏，仅有少量金茅、五节芒等高大禾本科散生其中。

3.3 植被的分布规律

虽然九华山地形地貌复杂,但因人为干扰较大或山体相对高差不足,植被犬牙交错分布,垂直带谱不明显,大致介绍如下:

海拔 600m 以下为人工垦殖栽培区,以毛竹林为主,伴有杉木林、马尾松林等,有小面积灌丛。

海拔 600~1000m,主要以人工种植的马尾松林、杉木林、马尾松和杉木混交林、自然的黄山松林为主,另外零星分布有落叶阔叶混交林。常绿-落叶阔叶混交林自下而上有苦槠、甜槠、青冈、小叶青冈、褐叶青冈(*Cyclobalanopsis stewardiana*)等壳斗科常绿阔叶树种,与灯台树、枫香树、蓝果树、青钱柳混生形成。

海拔 1000m 以上,主要为山地落叶阔叶林和黄山林,乔木种类比较复杂,主要有香槐(*Cladrastis wilsonii*)、华千金榆(*Carpinus cordata* var. *chinensis*)、雷公鹅耳枥(*Carpinus viminea*)、茅栗、米心水青冈(*Fagus engleriana*)、芬芳安息香(*Styrax odoratissimus*)、蜡瓣花(*Corylopsis sinensis*)、黄山松等。

第 4 章　九华山世界地质公园植被的保护与合理利用

保护森林植物,维护生物多样性和生态平衡,是我国积极践行生态文明、建设美丽中国的重要举措,九华山以旅游服务为主要产业。旅游景点人群密集,容易对当地野生环境产生负面性影响,因此,九华山世界地质公园的植被资源保护与利用是公园管理的重点工作之一。1979 年九华山风景区管理机构成立后,相继组建了专业保护机构和队伍,陆续出台了一系列有关资源保护与利用的政策规定,不断强化保护与利用措施,依照法律法规严厉打击各种破坏资源的违法行为,公园的资源保护工作进入了常态化和法制化的轨道。

4.1　九华山世界地质公园植被的保护

4.1.1　保护法规

1985 年前,公园管理机构主要依据《森林保护法》(1984 年 9 月 20 日全国人大常委会颁布)等法律法规,对公园资源实施保护。1985 年 6 月 7 日,国务院颁布了《风景名胜区管理暂行条例》;2006 年 12 月 1 日,国务院颁布《国家风景名胜区管理条例》。2002 年 9 月 29 日安徽省人大常委会第 32 次会议通过《九华山风景名胜区管理条例》(2003 年 1 月 1 日颁布实施)。上述两个条例是九华山世界地质公园植被保护和合理利用的主要法规。

4.1.2　保护措施

1)改变燃料结构

20 世纪 80 年代以前,九华山地区传统的燃料是木柴。公园管理机构成立后,禁止居民砍伐林木,改烧柴为烧煤。进入 21 世纪以来,为进一步推进燃料结构调整,改善公园环境空气质量,九华山风景区管理委员会规定公园已有的燃煤锅炉(灶)一律改造为燃油、燃气、燃电锅炉(灶)。出台政策,鼓励并补助村民建设沼气池,利用沼气点灯、烧水、做饭,发展生态循环经济。燃料结构的改变,促进了林木保护。

2)禁止乱砍滥伐现象

清末至民国初期,九华山大部分山场林木保护尚好。中华人民共和国成立后,山场收归国有或集体所有。1958—1976 年,是九华山植被类型变化最剧烈的阶段,约 60%的林木被砍伐。1979 年九华山对外开放后,采取了严格的保护措施,各级政府多次发布通告和禁令,禁止乱砍滥伐。对于零星发生的大规模盗伐事件,进行了严肃处理。由于措施得力,乱砍滥伐现象基本禁止。1988 年后,全山由禁止乱砍滥伐转变为全面禁止采伐树木。在保护森林资源的同时,公园管理机构还开展了对花卉和中草药的保护工作,在公园范围内,严禁采挖花卉、中草药。经过近 40 年来的不懈努力,花卉、中草药种群不断扩大,使九华山成了植物宝库。

3)实施退耕还林、植树造林

九华山自 20 世纪 80 年代初开始实施退耕还林工程。累计共完成退耕还林 3600 亩(1 亩 ≈ 666.67m²),其中退耕地造林 2600 亩,宜林荒山荒地造林 1000 亩。公园管理机构每年春季安排一周时间,开展全民植树造林活动。截至 2020 年,财政投入植物绿化的经费累计达 2 亿多元,共植树超过 30 万株,绿化荒山 2800 亩。

4)森林防火

1981 年,九华山建立护林队,有护林队员 37 人。1987 年,成立九华山林业公安派出所;同年,成立森林防火指挥部,由管理机构行政主要负责人担任指挥长。1990 年 12 月,组建中国人民武装警察部队九华山消防中队。在九华山对外开放初期,除陆续建立森林机构外,还先后组建了专业护林员队伍,以及机关企事业单位和僧尼义务扑火队伍。

针对公园内居民清明节、冬至节上坟祭祖烧纸及游客吸烟等不安全隐患,以及公园周边因野外用火引发森林火灾事故,公园管理机构依照相关法律法规,相继出台了《九华山风景区森林防火暂行条例》《关于加强野外用火管理的通告》《九华山室外禁烟管理规定》《加强清明节期间防火工作的紧急通知》《关于进一步加强森林防火工作的决定》等法规政策,建立了野外用火与生产用火审批制度,并同周边的乡镇不断沟通协调区域联防。公布每年的 10 月 1 日至次年的 5 月 30 日为森林防火戒严期。在进入戒严期之前,每年砍出宽 5m、长 100km 的防火道。派出 100 余名综合管理人员,巡查景区禁烟和野外用火。在易发火灾的时段如清明节、冬至节,则由乡镇领导带队,组织村委会成员和村民小组长到火灾易发地段,进山路口看守,严防山林失火。

2005 年,公园与青阳县、石台县和贵池区确立了九华山毗邻地区森林防火联防机制,订立了分片联防公约,规定了联防会议每年举行一次,由"青(青阳县)石(石台县)贵(贵池区)九(九华山风景区)"轮流主持。

为切实贯彻森林防火"以防为主,扑灭为辅"的方针,森林防火指挥队从提高全民防火意识入手,深入开展了立体化、多层次、多形式的宣传教育工作。在进入高危火险期之前,广泛利用墙报、宣传栏、有线电视台等媒介,宣传安全防火法规和要求。遭遇高等级火险天气时,除在电视台滚动播出警示通告和标语外,还在人口密集场所、村庄、主要旅游线路、景点张贴森林火险等级布告。平时,则在公园旅游门票上印制"进入景区请注意森林防火""旅游线路请勿吸烟、野炊"等温馨提示;在中小学开设森林防火宣传教育课程,举办中小学生防火知识作文演讲比赛;在主要旅游线路和人员密集地段设置森林防火宣传提示标识标牌 400 余块、森林防火报警电话近百处。

为完善防火基础设施,提高森林防火扑救的应急能力,公园管理机构逐年加大财政投入,为森林防火提供了保障。2006 年,森林防火远程图像视频监测监控系统工程建成并投入使用,使全山火情火灾能够及时得到防范和监控。

5)防治病虫害,实施森林动植物检疫

九华山常见森林病害有:松针病、黄化病、立枯病、松褐斑病、梨桧锈病、杉木炭疽病、白粉病、霜霉病、角斑病、丛枝病等。主要虫害有:马尾松毛虫、白蚁、链珠球蚧、天牛、大袋蛾、松梢螟、卷叶螟、透翅蛾、铜绿金龟子、松大蚜等。公园管理机构成立了松材线虫病防治指挥部,并依据《安徽省松材线虫病防治办法》《池州市松材线虫病防治细则》,制定了景区《松材线虫病预防和除治方案》,对发生松材线虫病的枯死松树全部砍伐烧毁,残留的树桩逐一撒药密封,并采用化学防治和生物防治相结合进行除治,遏制松材线虫病扩大趋势。

为了防止危险性森林病虫的传播蔓延,确保公园森林资源安全,九华山风景区管理委员会自 2005 年起在公园入口设立森林植物检疫检查站,实行 24 小时值班制度,对入境货运车辆进行检疫检查,严禁危险性森林病虫传入;对花卉苗木、林场等林权单位和个人每年实行两次产地检疫;对调运木材及时进行检疫检查;对森林病虫害及时进行防治。

6)古树名木保护

九华山历史文化悠久,古树名木众多,主要分布于寺庙周围、村庄附近,特别是细叶青冈、金钱松、枫香、青钱柳等古树比比皆是,不可胜数。形成古树群落的有甘露寺群落、祇园寺群落、太白书堂群落、月亮湾群落、琵琶形群落、肉身宝殿群落、闵园群落等。肉身宝殿周围整片山林皆以细叶青冈古树为主,形成风景区的顶级群落。大部分古树名木是本地天然生长的树木,因地处佛教圣地,受到僧尼、居民的长期良好保护而保存了下来;少部分是僧尼、香客从外地引入栽培而成。这些古树名木树龄均在 100 年以上,部分树龄超千年。

为加强古树名木资源保护,从 2006 年开始,九华山风景区管理委员会专门聘请树木病虫害、树木分类、土壤环境、园林规划等专家成立古树名木保护专家组,每年上山“问诊把脉”,专家组对每株病害古树名木逐一制定了详细的复壮和保护措施。公园利用围栏对古树群落及名木实施保护,并配有宣传介绍牌;对沿路树木(含古树名木)实行了竹围帘保护,防止人为损坏;对其他古树名木实行挂牌制,包括树名、别名、拉丁名、科属、树龄、保护级别等。

4.2　九华山世界地质公园植被的利用

九华山世界地质公园植物资源极其丰富,是一座奇花异草丛生、四季飘香的花果山,是一座蕴藏优质植物种质资源的资源库,是一座供参观、休憩、科考、教育的“绿色矿藏”。

1)种质资源有序开发

九华山拥有大量可食用(含药用)植物资源,加强对可食用植物资源的开发和栽培活动,重点发展特色农业,可为当地经济结构带来有益帮助,丰富当地产业结构。最具代表性的为九华山名产茶叶、黄精、竹笋等。其中九华名茶系列汲山中百花芳香,主要香型为栗香、兰花香、兰花香与竹香混合型。主产于下闵园、中闵园、白云、灯塔、凤形、桥安、方家里、刘冲、翠峰、青沟、黄石溪等地。其中黄石溪毛峰茶为栗香型,余为兰花香型和兰花香与竹香混合型。闵园、方家里、刘冲、青沟为山中谷地,四周是悬崖绝壁,云雾弥漫,气候更适宜茶树的生长。九华系列名茶,品质特点是:外形细嫩,旗枪紧裹,色泽翠绿,白毫显露,条索紧结匀整,香气清醇,汤色黄绿明澈,滋味鲜醇回甜,叶底鲜嫩厚实,冲泡杯中宛若兰花绽开,别有风韵。黄精在九华山普遍生长,是多年生的百合科草本植物,又名"鸡头参""老虎姜"。黄精主要食之地下根茎,黄精地下根茎每年增生1~2节,并逐渐膨大,头两年膨大较慢,第三、四年较快,精龄越大,根茎增重越快。据光绪十七年《青阳县志》记载:"黄精,土人鬻以付粮,此物虽处处有之,唯以九华山者为上。九华山又以绝岩不闻鸡犬之声者为上"。九华山人历来有采制黄精的习惯,加工考究,一般经九蒸九晒工序,通称"九制黄精"。黄精加工成品,油润、气香、味甜,既可药用,也可食用。具有补中益气、除风湿、安五脏、止寒热、填精髓之功效,能补诸虚,久服神清气爽,延年益寿,故杜甫诗云:"扫除白发黄精在,君看他年冰雪容。"九华山竹类资源丰富,除广布毛竹林外,水竹、金竹、刚竹、桂竹、实竹等小竹林随处可见。毛竹可采挖冬笋,被称为鲜食山珍。其他竹类于春天采回嫩笋,剥去笋壳,既可鲜食,又可制成笋干、笋衣、笋片或罐头。竹笋味鲜可口,历来为九华名产。

2)可持续发展的生态旅游

"生态旅游"这一术语,最早由世界自然保护联盟(IUCN)于1983年首先提出,1993年国际生态旅游协会将其定义为:具有保护自然环境和维护当地人民生活双重责任的旅游活动。生态旅游的内涵更强调对自然景观的保护,是可持续发展的旅游。九华山一直以宗教旅游为主,朴素的自然保护观,使得九华山大量的古树名木得以保存,是发展生态旅游的重要资源。进入21世纪以来,九华山更强调自然生态的保护,实现了生态旅游思维的重要转变。九华山鼓励参加生态旅游的人们在欣赏自然美景的同时,不打扰野生动物,不破坏森林植被,提倡静观默察、敬天惜物,认真听取周围的天籁之声,并通过摄影、写生、观鸟、自然探究等活动,充分感悟自然。

3)开展针对性科学研究

对资源植物的持续有效利用的重要手段是在公园内开展科学研究,研究工作可分为4个方面:①进行资源植物的本底调查,包括植物种类、生境、数量、分布、用途等方面,并将重点放在野生药用植物的深入研究;②对公园内的珍稀植物和经济植物进行引种栽培研究;③对野生植物资源进行驯化,扩宽生境,便于大规模培植;④研究生态旅游对植物资源的影响,这对保护当地植物资源特别是珍稀濒危植物是十分必要的。

4)加大宣传力度并提高保护意识

公园游客量大,流动性强,在公园设置宣传标志,增强游客的环境保护意识,对公园的资源保护起到了重要作用。不仅可以让游客看到各种资源植物,而且可以了解它所适应的生态环境,提升公园旅游价值,深化生态旅游主题。公园积极做好植物种类的挂牌工作,向游客介绍植物的名称、分布和资源价值等"植物故事"。

主要参考文献

《安徽植被》协作组,1983. 安徽植被[M]. 合肥:安徽科学技术出版社.

《安徽植物志》协作组,1985. 安徽植物志[M]. 合肥:安徽科学技术出版社.

陈彦卓,1960. 安徽省九华山植被调查报告[J]. 植物生态学报,4(1):117-160.

程晓丽,2007. 九华山佛茶文化旅游开发研究[J]. 资源开发与市场,23(12):1148-1150.

戴修尚,2020. 人工增雨在九华山抗旱与森林防火中的应用——以 2019 年为例[J]. 农业与技术,40(11):133-136.

董冬,何云核,2008. 安徽省九华山风景名胜区古树名木资源的调查[J]. 安徽农业大学学报,35(2):191-195.

董冬,何云核,周志翔,2010. 基于 AHP 和 FSE 的九华山风景区古树名木景观价值评价[J]. 长江流域资源与环境,19(9):1003-1009.

董冬,许小天,周志翔,等,2019. 安徽九华山风景区古树群落主要种群生态位的动态变化[J]. 生态学杂志,38(5):1292-1304.

董冬,周志翔,何云核,等,2011. 安徽省九华山风景区古树群落景观美学评价[J]. 生态学杂志,30(8):1786-1792.

董冬,周志翔,何云核,等,2011. 基于游客支付意愿的古树名木资源保护经济价值评估——以安徽省九华山风景区为例[J]. 长江流域资源与环境,20(11):1334-1340.

樊庆笙,1935. 安徽九华山植生区之观察(英文)[J]. 金陵学报,4(1):141-147.

胡伟,仇建习,高中胜,等,2020. 莲都峰源自然保护区植被类型和物种多样性分析[J]. 福建林业科技,47(3):88-95.

晋秀龙,陆林,郝朝运,等,2011. 旅游活动对九华山风景区游道附近植物群落的影响[J]. 林业科学,47(2):1-8.

九华山风景区地方志编纂委员会,2013. 九华山志[M]. 合肥:黄山书社.

孟耀,骆成福,俞筱押,等,2021. 安徽九华山世界地质公园植被和维管植物区系特征[J]. 中国野生植物资源,40(8):79-85.

秦卫华,余本祺,周守标,2004. 安徽省九华山野生石蒜居群的核型研究[J]. 安徽师范大学学报(自然科学版),27(4):440-442.

沈佐民,2006. 安徽九华山仙寓山和牯牛降茶园土壤质量的比较[J]. 中国农学通报,22(5):258-260.

沈佐民,胡权跃,李槐松,2005. 试论九华山佛教与茶叶的互动作用[J]. 中国茶叶加工

(2):48-51.

石树人,葛继志,尹华宝,等,2000. 九华山风景名胜区生态环境的演变[J]. 安徽大学学报(自然科学版),24(4):92-97.

石玮,罗建平,赵晓丹,2008. 影响九华山千层塔石杉碱甲含量的主要环境因子分析[J]. 植物资源与环境学报,17(3):58-62.

唐厚明,2015. 生态旅游风景区的规划设计——以九华山风景区总体规划为例[J]. 池州学院学报(3):67-68.

王根葆,胡权跃,王凯峰,2008. 九华山区茶树类型调查及性状分析[J]. 安徽林业(6):55-56.

王立龙,陆林,2010. 雪灾对九华山风景区毛竹林的影响[J]. 植物生态学报,34(2):233-239.

王睿,张俊容,2015. 基于层次分析法的九华山风景区旅游资源评价[J]. 安徽农业科学,(22):140-142,147.

文静,2017. 景观生态学视阈下的九华山佛教文化旅游管理问题研究[J]. 中南林业科技大学学报(社会科学版),11(1):79-83.

吴海中,田晓四,陈保平,2020. 九华山世界地质公园地理野外实习基地建设与实习教学改革[J]. 高师理科学刊,40(6):96-100.

吴海中,田晓四,2021. 九华山世界地质公园地学资源分析与实习路线设计[J]. 池州学院学报,35(4):143-147.

吴霆,2007. 九华山森林防火远程图像监控信息系统[J]. 安徽林业(5):43.

吴征镒,1980. 中国植被[M]. 北京:科学出版社.

吴征镒,周浙昆,孙航,等. 2006.种子植物分布区类型及其起源和分化[M]. 昆明:云南科学技术出版社.

吴征镒,孙航,周浙昆,等,2011. 中国种子植物区系地理[M]. 北京:科学出版社.

谢婵娟,2017. 九华山风景区松材线虫病生物控制技术应用的效果分析[J]. 安徽林业科技,43(1):20-22.

邢诗晨,唐录艳,戴尊,等,2022. 安徽石台县与青阳县苔藓植物多样性[J]. 生物多样性,30(1):8.

徐庆,邵建章,2015. 九华山植物[M]. 北京:中国林业出版社.

许信旺,胡文海,2004. 九华山生态旅游资源开发[J]. 国土与自然资源研究(3):71-72.

张曾珪,1990. 安徽森林[M]. 合肥:安徽科学技术出版社.

张乐勤,荣慧芳,许杨,等,2011. 九华山森林生态系统生态服务价值评估[J]. 山地学报,29(3):291-298.

张启利,2011. "九华佛茶"的渊源和对九华山佛茶品牌建设的建议[J]. 茶业通报(4):180-181.

张庭廷,胡威,汪好芬,等,2011. 九华山黄精多糖的分离纯化及化学表征[J]. 食品科学,32(10):48-51.

郑姗姗,蔡丽平,邹秉章,等,2020.森林植被恢复与环境生态因子互作关系研究进展[J].生态科学,39(5):227-232.

郑艳,巩劼,郭新弧,等,2004.安徽九华山药用资源及评价体系初探[J].西北植物学报,24(1):75-82.

中国科学院《中国植物志》编辑委员会,2004.中国植物志[M].北京:科学出版社.

朱新生,2013.九华山茶业产业发展存在的问题及对策[J].现代农业科技(6):325.

附　录

附录1　九华山世界地质公园高等植物名录①

苔藓植物门

隐蒴苔科 Adelanthaceae

对耳苔属 *Syzygiella*

筒萼对耳苔 *Syzygiella autumnalis*（DC.）K. Feldberg, Váňa, Hentschel et Heinrichs

护蒴苔科 Calypogeiaceae

护蒴苔属 *Calypogeia*

刺叶护蒴苔 *Calypogeia arguta* Nees et Mont.

护蒴苔 *Calypogeia fissa*（L.）Raddi

全缘护蒴苔 *Calypogeia japonica* Steph.

双齿护蒴苔 *Calypogeia tosana*（Steph.）Steph.

大萼苔科 Cephaloziaceae

棕萼苔属 *Fuscocephaloziopsis* Fulford

喙叶棕萼苔 *Fuscocephaloziopsis connivens*（Dicks.）Váňa et L. Söderstr.

拳叶苔属 *Nowellia*

无毛拳叶苔 *Nowellia aciliata*（P. C. Chen et P. C. Wu）Mizut.

拟大萼苔科 Cephaloziellaceae

拟大萼苔属 *Cephaloziella*

刺茎拟大萼苔 *Cephaloziella spinicaulis* Douin

蛇苔科 Conocephalaceae

蛇苔属 *Conocephalum*

---

① 苔藓植物名录依据《安徽石台县与青阳县苔藓植物多样性》整理,维管束植物名录依据调查和文献整理,蕨类植物采用 PPG Ⅰ 系统、裸子植物采用杨氏裸子植物系统、被子植物采用 APG Ⅳ 系统确定科与属的归属,然后用科中文名进行字母顺序排列。

暗色蛇苔 *Conocephalum salebrosum* Szweyk. ，Buczk. et Odrzyk.

耳叶苔科 **Frullaniaceae**

耳叶苔属 *Frullania*

青山耳叶苔 *Frullania aoshimensis* Horik.

列胞耳叶苔 *Frullania moniliata* （Reinw. ，Blume et Nees）Mont.

盔瓣耳叶苔 *Frullania muscicola* Steph.

大隅耳叶苔 *Frullania osumiensis* （S. Hatt. ）S. Hatt.

细鳞苔科 **Lejeuneaceae**

顶鳞苔属 *Acrolejeunea*

南亚顶鳞苔 *Acrolejeunea sandvicensis* （Gottsche）Steph.

唇鳞苔属 *Cheilolejeunea*

粗茎唇鳞苔 *Cheilolejeunea trapezia* （Nees）Kachroo et R. M. Schust.

细鳞苔属 *Lejeunea*

湿生细鳞苔 *Lejeunea aquatica* Horik.

耳瓣细鳞苔 *Lejeunea compacta* （Steph. ）Steph.

日本细鳞苔 *Lejeunea japonica* Mitt.

尖叶细鳞苔 *Lejeunea neelgherriana* Gottsche

小叶细鳞苔 *Lejeunea parva* （S. Hatt. ）Mizut.

指叶苔科 **Lepidoziaceae**

鞭苔属 *Bazzania*

日本鞭苔 *Bazzania japonica* （Sande Lac. ）Lindb.

三裂鞭苔 *Bazzania tridens* （Reinw. ，Blume et Nees）Trevis.

齿萼苔科 **Lophocoleaceae**

异萼苔属 *Heteroscyphus*

四齿异萼苔 *Heteroscyphus argutus* （Reinw. ，Blume et Nees）Schiffn.

叉齿异萼苔 *Heteroscyphus lophocoleoides* S. Hatt.

平叶异萼苔 *Heteroscyphus planus* （Mitt. ）Schiffn.

三齿异萼苔 *Heteroscyphus tridentatus* （Sande Lac. ）Grolle

齿萼苔属 *Lophocolea*

异叶齿萼苔 *Lophocolea heterophylla* （Schrad. ）Dumort.

羽苔科 **Plagiochilaceae**

羽苔属 *Plagiochila*

刺叶羽苔 *Plagiochila sciophila* Nees

光萼苔科 **Porellaceae**

光萼苔属 *Porella*

丛生光萼苔 *Porella caespitans*（Steph.）S. Hatt.

中华光萼苔 *Porella chinensis*（Steph.）S. Hatt.

扁萼苔科 Radulaceae

扁萼苔属 *Radula*

大瓣扁萼苔 *Radula cavifolia* Hampe ex Gottsche

日本扁萼苔 *Radula japonica* Gottsche

尖叶扁萼苔 *Radula kojana* Steph.

芽胞扁萼苔 *Radula lindenbergiana* Gottsche ex C. Hartm.

管口苔科 Solenostomataceae

管口苔属 *Solenostoma*

褐绿管口苔 *Solenostoma infuscum*（Mitt.）Hentschel

截叶管口苔 *Solenostoma truncatum*（Nees）R. M. Schust. ex Váňa et D. G. Long

柳叶藓科 Amblystegiaceae

镰刀藓属 *Drepanocladus*

镰刀藓直叶变种 *Drepanocladus aduncus* var. kneiffii（Bruch et Schimp.）Mönk.

多枝藓属 *Haplohymenium*

拟多枝藓 *Haplohymenium pseudo - triste*（Müll. Hal.）Broth.

暗绿多枝藓 *Haplohymenium triste*（Ces.）Kindb.

羊角藓属 *Herpetineuron*

羊角藓 *Herpetineuron toccoae*（Sull. et Lesq.）Cardot

拟附干藓属 *Schwetschkeopsis*

拟附干藓 *Schwetschkeopsis fabronia*（Schwägr.）Broth.

珠藓科 Bartramiaceae

泽藓属 *Philonotis*

柔叶泽藓 *Philonotis mollis*（Dozy et Molk.）Mitt.

齿缘泽藓 *Philonotis seriata* Mitt.

细叶泽藓 *Philonotis thwaitesii* Mitt.

东亚泽藓 *Philonotis turneriana*（Schwägr.）Mitt.

青藓科 Brachytheciaceae

青藓属 *Brachythecium*

多枝青藓 *Brachythecium fasciculirameum* Müll. Hal.

毛尖青藓 *Brachythecium piligerum* Cardot

美喙藓属 *Eurhynchium*

尖叶美喙藓 *Eurhynchium eustegium*（Besch.）Dixon

褶叶藓属 *Palamocladium*

深绿褶叶藓 *Palamocladium euchloron*（Bruch ex Müll. Hal.）Wijk et Margad.

长喙藓属 *Rhynchostegium*

淡叶长喙藓 *Rhynchostegium pallidifolium*（Mitt.）A. Jaeger

真藓科 Bryaceae

短月藓属 *Brachymenium*

饰边短月藓 *Brachymenium longidens* Renauld et Cardot

真藓属 *Bryum*

双色真藓 *Bryum dichotomum* Hedw.

灰黄真藓 *Bryum pallens* Sw.

曲尾藓科 Dicranaceae

曲尾藓属 *Dicranum*

阿萨姆曲尾藓 *Dicranum assamicum* Dixon

小曲尾藓科 Dicranellaceae

小曲尾藓属 *Dicranella*

短颈小曲尾藓 *Dicranella cerviculata*（Hedw.）Schimp.

疏叶小曲尾藓 *Dicranella divaricatula* Besch.

多形小曲尾藓 *Dicranella heteromalla*（Hedw.）Schimp.

偏叶小曲尾藓 *Dicranella subulata*（Hedw.）Schimp.

牛毛藓科 Ditrichaceae

牛毛藓属 *Ditrichum*

牛毛藓 *Ditrichum heteromallum*（Hedw.）E. Britton

木衣藓科 Drummondiaceae

木衣藓属 *Drummondia*

中华木衣藓 *Drummondia sinensis* Müll. Hal.

绢藓科 Entodontaceae

绢藓属 *Entodon*

绢藓 *Entodon cladorrhizans*（Hedw.）Müll. Hal.

钝叶绢藓 *Entodon obtusatus* Broth.

凤尾藓科 Fissidentaceae

凤尾藓属 *Fissidens*

卷叶凤尾藓 *Fissidens dubius* P. Beauv

线叶凤尾藓暗色变种 *Fissidens linearis* var. *obscuriretis*（Broth. et Paris）I. G. Stone

垂叶凤尾藓 *Fissidens obscurus* Mitt.

南京凤尾藓 *Fissidens teysmannianus* Dozy et Molk.

葫芦藓科 Funariaceae

立碗藓属 *Physcomitrium*

红蒴立碗藓 *Physcomitrium eurystomum* Sendtn.

紫萼藓科 Grimmiaceae

无尖藓属 *Codriophorus*

短柄无尖藓 *Codriophorus brevisetus* （Lindb.）Bedn.-Ochyra et Ochyra

长齿藓属 *Niphotrichum*

东亚长齿藓 *Niphotrichum japonicum* （Dozy et Molk.）Bedn.-Ochyra et Ochyra

虎尾藓科 Hedwigiaceae

虎尾藓属 *Hedwigia*

虎尾藓 *Hedwigia ciliata* （Hedw.）P. Beauv.

塔藓科 Hylocomiaceae

梳藓属 *Ctenidium*

平叶梳藓 *Ctenidium homalophyllum* Broth. et Yasuda ex Ihsiba

灰藓科 Hypnaceae

灰藓属 *Hypnum*

钙生灰藓 *Hypnum calcicola* Ando

密枝灰藓 *Hypnum densirameum* Ando

美灰藓 *Hypnum leptothallum* （Müll. Hal.）Paris

南亚灰藓 *Hypnum oldhamii* （Mitt.）A. Jaeger

黄灰藓 *Hypnum pallescens* （Hedw.）P. Beauv.

拟鳞叶藓属 *Pseudotaxiphyllum*

密叶拟鳞叶藓 *Pseudotaxiphyllum densum* （Cardot）Z. Iwats.

东亚拟鳞叶藓 *Pseudotaxiphyllum pohliaecarpum* （Sull. et Lesq.）Z. Iwats.

鳞叶藓属 *Taxiphyllum*

凸尖鳞叶藓 *Taxiphyllum cuspidifolium* （Cardot）Z. Iwats.

鳞叶藓 *Taxiphyllum taxirameum* （Mitt.）M. Fleisch.

白发藓科 Leucobryaceae

白氏藓属 *Brothera*

白氏藓 *Brothera leana* （Sull.）Müll. Hal.

曲柄藓属 *Campylopus*

尾尖曲柄藓 *Campylopus comosus* （Schwägr.）Bosch et Sande Lac.

曲柄藓 *Campylopus flexuosus* （Hedw.）Brid.

大曲柄藓 *Campylopus hemitrichius* （Müll. Hal.）A. Jaeger

节茎曲柄藓 *Campylopus umbellatus* （Arn.）Paris

青毛藓属 *Dicranodontium*

　　毛叶青毛藓 *Dicranodontium filifolium* Broth.

白发藓属 *Leucobryum*

　　绿色白发藓 *Leucobryum chlorophyllosum* Müll. Hal.

　　爪哇白发藓 *Leucobryum javense*（Brid.）Mitt.

蔓藓科 **Meteoriaceae**

灰气藓属 *Aerobryopsis*

　　大灰气藓原亚种 *Aerobryopsis subdivergens*（Broth.）Broth. subsp. *subdivergens*

蔓藓属 *Meteorium*

　　粗枝蔓藓 *Meteorium subpolytrichum*（Besch.）Broth.

提灯藓科 **Mniaceae**

提灯藓属 *Mnium*

　　长叶提灯藓 *Mnium lycopodioides* Schwägr.

匐灯藓属 *Plagiomnium*

　　匐灯藓 *Plagiomnium cuspidatum*（Hedw.）T. J. Kop.

丝瓜藓属 *Pohlia*

　　明齿丝瓜藓 *Pohlia hyaloperistoma* Da C. Zhang，X. J. Li et Higuchi

　　白色丝瓜藓 *Pohlia wahlenbergii*（F. Weber et D. Mohr）A. L. Andrews

疣灯藓属 *Trachycystis*

　　疣灯藓 *Trachycystis microphylla*（Dozy et Molk.）Lindb.

平藓科 **Neckeraceae**

残齿藓属 *Forsstroemia*

　　残齿藓 *Forsstroemia trichomitria*（Hedw.）Lindb.

树平藓属 *Homaliodendron*

　　刀叶树平藓 *Homaliodendron scalpellifolium*（Mitt.）M. Fleisch.

木灵藓科 **Orthotrichaceae**

蓑藓属 *Macromitrium*

　　中华蓑藓 *Macromitrium cavaleriei* Cardot et Thér.

木灵藓属 *Orthotrichum*

　　粗柄木灵藓 *Orthotrichum subpumilum* E. B. Bartram ex Lewinsky

棉藓科 **Plagiotheciaceae**

棉藓属 *Plagiothecium*

　　圆条棉藓 *Plagiothecium cavifolium*（Brid.）Z. Iwats.

　　圆条棉藓阔叶变种 *Plagiothecium cavifolium* var. *fallax*（Cardot et Thér.）Z.

Iwats.

光泽棉藓 *Plagiothecium laetum* Schimp.

圆条棉藓 *Plagiothecium cavifolium*（Brid.）Z. Iwats.

金发藓科 Polytrichaceae

仙鹤藓属 *Atrichum*

小仙鹤藓 *Atrichum crispulum* Schimp. ex Besch.

小胞仙鹤藓 *Atrichum rhystophyllum*（Müll. Hal.）Paris

小金发藓属 *Pogonatum*

东亚小金发藓 *Pogonatum inflexum*（Lindb.）Sande Lac.

拟金发藓属 *Polytrichastrum*

台湾拟金发藓 *Polytrichastrum formosum*（Hedw.）G. L. Sm.

丛藓科 Pottiaceae

对齿藓属 *Didymodon*

反叶对齿藓 *Didymodon ferrugineus*（Schimp. ex Besch.）M. O. Hill

湿地藓属 *Hyophila*

卷叶湿地藓 *Hyophila involuta*（Hook.）A. Jaeger

拟合睫藓属 *Pseudosymblepharis*

狭叶拟合睫藓 *Pseudosymblepharis angustata*（Mitt.）Hilp.

反纽藓属 *Timmiella*

反纽藓 *Timmiella anomala*（Bruch et Schimp.）Limpr.

小石藓属 *Weissia*

小石藓 *Weissia controversa* Hedw.

缺齿小石藓 *Weissia edentula* Mitt.

东亚小石藓 *Weissia exserta*（Broth.）P. C. Chen

缩叶藓科 Ptychomitriaceae

缩叶藓属 *Ptychomitrium*

台湾缩叶藓 *Ptychomitrium formosicum* Broth. et Yasuda

金灰藓科 Pylaisiaceae

毛灰藓属 *Homomallium*

东亚毛灰藓 *Homomallium connexum*（Cardot）Broth.

墨西哥毛灰藓 *Homomallium mexicanum* Cardot

毛锦藓科 Pylaisiadelphaceae

小锦藓属 *Brotherella*

南方小锦藓 *Brotherella henonii*（Duby）M. Fleisch.

垂蒴小锦藓 *Brotherella nictans*（Mitt.）Broth.

同叶藓属 *Isopterygium*

华东同叶藓 *Isopterygium courtoisii* Broth. et Paris

纤枝同叶藓 *Isopterygium minutirameum*（Müll. Hal.）A. Jaeger

毛锦藓属 *Pylaisiadelpha*

短叶毛锦藓 *Pylaisiadelpha yokohamae*（Broth.）W. R. Buck

刺枝藓属 *Wijkia*

弯叶刺枝藓 *Wijkia deflexifolia*（Mitt. ex Renauld et Cardot）H. A. Crum

锦藓科 Sematophyllaceae

锦藓属 *Sematophyllum*

橙色锦藓 *Sematophyllum phoeniceum*（Müll. Hal.）M. Fleisch.

矮锦藓 *Sematophyllum subhumile*（Müll. Hal.）M. Fleisch.

刺果藓科 Symphyodontaceae

刺果藓属 *Symphyodon*

长刺刺果藓 *Symphyodon echinatus*（Mitt.）A. Jaeger

小羽藓属 *Haplocladium*

狭叶小羽藓 *Haplocladium angustifolium*（Hampe et Müll. Hal.）Broth.

细叶小羽藓 *Haplocladium microphyllum*（Sw. ex Hedw.）Broth.

羽藓属 *Thuidium*

短肋羽藓 *Thuidium kanedae* Sakurai

灰羽藓 *Thuidium pristocalyx*（Müll. Hal.）A. Jaeger

蕨类植物门

凤尾蕨科 Pteridaceae

凤了蕨属 *Coniogramme*

凤了蕨 *Coniogramme japonica*（Thunb.）Diels

粉背蕨属 *Aleuritopteris*

银粉背蕨 *Aleuritopteris argentea*（Gmél.）Fée

凤尾蕨属 *Pteris*

井栏边草 *Pteris multifida* Poir.

蜈蚣凤尾蕨 *Pteris vittata* L.

海金沙科 Lygodiaceae

海金沙属 *Lygodium*

海金沙 *Lygodium japonicum*（Thunb.）Sw.

金星蕨科 Thelypteridaceae

毛蕨属 *Cyclosorus*

渐尖毛蕨 *Cyclosorus acuminatus*（Houtt.）Nakai

毛蕨 *Cyclosorus interruptus*（Willd.）H. Ito

金星蕨属 *Parathelypteris*

光脚金星蕨 *Parathelypteris japonica*（Bak.）Ching

卵果蕨属 *Phegopteris*

延羽卵果蕨 *Phegopteris decursive-pinnata*（H. C. Hall）Fée

沼泽蕨属 *Thelypteris*

沼泽蕨 *Thelypteris palustris*（L.）Schott

卷柏科 Selaginellaceae

卷柏属 *Selaginella*

江南卷柏 *Selaginella moellendorffii* Hieron.

伏地卷柏 *Selaginella nipponica* Franch. et Sav.

卷柏 *Selaginella tamariscina*（P. Beauv.）Spring

里白科 Gleicheniaceae

芒萁属 *Dicranopteris*

芒萁 *Dicranopteris pedate*（Houttuyn）Nakaike

鳞毛蕨科 Dryopteridaceae

复叶耳蕨属 *Arachniodes*

斜方复叶耳蕨 *Arachniodes amabilis*（Blume）Tindale

毛枝蕨 *Arachniodes miqueliana*（Maximowicz ex Franchet & Savatier）Ohwi

鳞毛蕨属 *Dryopteris*

阔鳞鳞毛蕨 *Dryopteris championii*（Benth.）C. Chr.

红盖鳞毛蕨 *Dryopteris erythrosora*（Eaton）O. Ktze.

黑足鳞毛蕨 *Dryopteris fuscipes* C. Chr.

裸叶鳞毛蕨 *Dryopteris gymnophylla*（Bak.）C. Chr.

假异鳞毛蕨 *Dryopteris immixta* Ching

狭顶鳞毛蕨 *Dryopteris lacera*（Thunb.）O. Ktze.

半岛鳞毛蕨 *Dryopteris peninsulae* Kitag.

棕边鳞毛蕨 *Dryopteris sacrosancta* Koidz.

耳蕨属 *Polystichum*

黑鳞耳蕨 *Polystichum makinoi*（Tagawa）Tagawa

革叶耳蕨 *Polystichum neolobatum* Nakai

假黑鳞耳蕨 *Polystichum pseudomakinoi* Tagawa

对马耳蕨 *Polystichum tsussimense*（Hook.）

鳞始蕨科 Lindsaeaceae

乌蕨属 *Odontosoria*

乌蕨 *Odontosoria chinensis* J. Sm.

瘤足蕨科 Plagiogyriaceae

瘤足蕨属 *Plagiogyria*

华东瘤足蕨 *Plagiogyria japonica* Nakai

膜蕨科 Hymenophyllaceae

膜蕨属 *Hymenophyllum*

长柄蕗蕨 *Hymenophyllum polyanthos*（Swartz）Swartz

木贼科 Equisetaceae

木贼属 *Equisetum*

木贼 *Equisetum hyemale* L.

瓶尔小草科 Ophioglossaceae

阴地蕨属 *Sceptridium*

阴地蕨 *Sceptridium ternatum*（Thunb.）Y. X. Lin

瓶尔小草属 *Ophioglossum*

瓶尔小草 *Ophioglossum vulgatum* L.

球子蕨科 Onocleaceae

东方荚果蕨属 *Pentarhizidium*

东方荚果蕨 *Pentarhizidium orientale* Hayata

石松科 Lycopodiaceae

石杉属 *Huperzia*

蛇足石杉 *Huperzia serrata*（Thunb. ex Murray）Trevis.

水龙骨科 Polypodiaceae

瓦韦属 *Lepisorus*

瓦韦 *Lepisorus thunbergianus*（Kaulf.）Ching.

乌苏里瓦韦 *Lepisorus ussuriensis*（Regel et Maack）Ching

棱脉蕨属 *Goniophlebium*

友水龙骨 *Goniophlebium amoenum* K. Schum.

中华水龙骨 *Goniophlebium chinense*（Christ）X. C. Zhang

石韦属 *Pyrrosia*

石韦 *Pyrrosia lingua*（Thunb.）Farwell

有柄石韦 *Pyrrosia petiolosa*（Christ）Ching

庐山石韦 *Pyrrosia sheareri*（Baker）Ching

石蕨 *Pyrrosia angustissima*（Giesenh. ex Diels）C. M. Kuo

蹄盖蕨科 Athyriaceae

对囊蕨属 *Deparia*

假蹄盖蕨 *Deparia japonica*（Thunberg）M. Kato

毛轴假蹄盖蕨 *Deparia petersenii*（Kunze.）M. Kato

华中介蕨 *Deparia okuboana* Kato

蹄盖蕨属 *Athyrium*

光蹄盖蕨 *Athyrium otophorum*（Miq.）Koidz.

铁角蕨科 Aspleniaceae

铁角蕨属 *Asplenium*

虎尾铁角蕨 *Asplenium incisum* Thunb.

华中铁角蕨 *Asplenium sarelii* Hook.

铁角蕨 *Asplenium trichomanes* L. Sp.

三翅铁角蕨 *Asplenium tripteropus* Nakai

碗蕨科 Dennstaedtiaceae

碗蕨属 *Dennstaedtia*

细毛碗蕨 *Dennstaedtia hirsute*（Swartz）Mettenius ex Miquel

溪洞碗蕨 *Dennstaedtia wilfordii*（Moore）Christ

鳞盖蕨属 *Microlepia*

边缘鳞盖蕨 *Microlepia marginata*（Houtt.）C. Chr.

蕨属 *Pteridium*

蕨 *Pteridium aquilinum* var. *latiusculum*（Desv.）Underw. ex Heller

乌毛蕨科 Blechnaceae

狗脊属 *Woodwardia*

狗脊 *Woodwardia japonica*（L. F.）Sm.

岩蕨科 Woodsiaceae

岩蕨属 *Woodsia*

耳羽岩蕨 *Woodsia polystichoides* Eaton

紫萁科 Osmundaceae

紫萁属 *Osmunda*

紫萁 *Osmunda japonica* Thunb.

裸子植物门

柏科 Cupressaceae

柏木属 *Cupressus*

柏木 *Cupressus funebris* Endl.

刺柏属 *Juniperus*

刺柏 *Juniperus formosana* Hayata

高山柏 *Juniperus squamata* Buchanan－Hamilton ex D. Don

侧柏属 *Platycladus*

侧柏 *Platycladus orientalis*（L.）Franco

柳杉属 *Cryptomeria*

柳杉 *Cryptomeria japonica* var. *sinensis* Miquel

日本柳杉 *Cryptomeria japonica*（L. f.）D. Don

杉木属 *Cunninghamia*

杉木 *Cunninghamia lanceolata*（Lamb.）Hook.

水杉属 *Metasequoia*

水杉 *Metasequoia glyptostroboides* Hu & W. C. Cheng

红豆杉科 Taxaceae

三尖杉属 *Cephalotaxus*

粗榧 *Cephalotaxus sinensis*（Rehder & E. H. Wilson）H. L. Li

红豆杉属 *Taxus*

红豆杉 *Taxus wallichiana* var. *chinensis*（Pilger）Florin

南方红豆杉 *Taxus wallichiana* var. *mairei*（Lemee & H. Léveillé）L. K. Fu
& Nan Li

榧属 *Torreya*

榧 *Torreya grandis* Fort. ex Lindl.

香榧 *Torreya grandis* cv. *Merrillii* Hu

松科 Pinaceae

松属 *Pinus*

马尾松 *Pinus massoniana* Lamb.

台湾松 *Pinus taiwanensis* Hayata

金钱松属 *Pseudolarix*

金钱松 *Pseudolarix amabilis*（J. Nelson）Rehder

黄杉属 *Pseudotsuga*

华东黄杉 *Pseudotsuga gaussenii* Flous

铁杉属 *Tsuga*

铁杉 *Tsuga chinensis*（Franch.）Pritz.

银杏科 Ginkgoaceae

银杏属 *Ginkgo*

银杏 *Ginkgo biloba* L.

被子植物门

阿福花科 Asphodelaceae

萱草属 *Hemerocallis*

黄花菜 *Hemerocallis citrina* Baroni

萱草 *Hemerocallis fulva*（L.）L.

安息香科 Styracaceae

安息香属 *Styrax*

白花龙 *Styrax faberi* Perk.

赛山梅 *Styrax confusus* Hemsl.

垂珠花 *Styrax dasyanthus* Perk.

野茉莉 *Styrax japonicus* Sieb. et Zucc.

玉铃花 *Styrax obassia* Siebold & Zucc.

芬芳安息香 *Styrax odoratissimus* Champ. ex Bentham

白辛树属 *Pterostyrax*

小叶白辛树 *Pterostyrax corymbosus* Sieb. et Zucc.

秤锤树属 *Sinojackia*

秤锤树 *Sinojackia xylocarpa* Hu

赤杨叶属 *Alniphyllum*

赤杨叶 *Alniphyllum fortunei*（Hemsl.）Makino

芭蕉科 Musaceae

芭蕉属 *Musa*

芭蕉 *Musa basjoo* Sieb. et Zucc.

菝葜科 Smilacaceae

菝葜属 *Smilax*

肖菝葜 *Smilax japonica*（Kunth）P. Li & C. X. Fu

菝葜 *Smilax china* L.

小果菝葜 *Smilax davidiana* A. DC.

托柄菝葜 *Smilax discotis* Warb.

土茯苓 *Smilax glabra* Roxb.

黑果菝葜 *Smilax glaucochina* Warb.

缘脉菝葜 *Smilax nervomarginata* Hay.

无疣菝葜 *Smilax nervomarginata* var. *liukiuensis*（Hay.）Wang et Tang

白背牛尾菜 *Smilax nipponica* Miq.

牛尾菜 *Smilax riparia* A. DC.

华东菝葜 *Smilax sieboldii* Miq.

鞘柄菝葜 *Smilax stans* Maxim.

百部科 Stemonaceae

百部属 *Stemona*

百部 *Stemona japonica*（Bl.）Miq

直立百部 *Stemona sessilifolia*（Miq.）Miq

百合科 Liliaceae

百合属 *Lilium*

野百合 *Lilium brownii* F. E. Brown ex Miellez

百合 *Lilium brownii* var. *viridulum* Baker

卷丹 *Lilium lancifolium* Thunb.

药百合 *Lilium speciosum* var. *gloriosoides* Baker

贝母属 *Fritillaria*

天目贝母 *Fritillaria monantha* Migo

大百合属 *Cardiocrinum*

荞麦叶大百合 *Cardiocrinum cathayanum*（Wilson）Stearn

老鸦瓣属 *Amana*

老鸦瓣 *Amana edulis*（Miq.）Honda

二叶老鸦瓣 *Amana erythronioides*（Baker）D. Y. Tan & D. Y. Hong

油点草属 *Tricyrtis*

油点草 *Tricyrtis macropoda* Miq.

报春花科 Primulaceae

报春花属 *Primula*

报春花 *Primula malacoides* Franch.

安徽羽叶报春 *Primula merrilliana* Schltr.

点地梅属 *Androsace*

点地梅 *Androsace umbellata*（Lour.）Merr.

杜茎山属 *Maesa*

杜茎山 *Maesa japonica*（Thunb.）Moritzi. ex Zoll.

假婆婆纳属 *Stimpsonia*

假婆婆纳 *Stimpsonia chamaedryoides* Wright ex A. Gray

铁仔属 *Myrsine*

光叶铁仔 *Myrsine stolonifera*（Koidz.）E. Walker

珍珠菜属 *Lysimachia*

泽珍珠菜 *Lysimachia candida* Lindl.

过路黄 *Lysimachia christinae* Hance

星宿菜 *Lysimachia fortunei* Maxim.

縫瓣珍珠菜 *Lysimachia glanduliflora* Hanelt

金爪儿 *Lysimachia grammica* Hance

点腺过路黄 *Lysimachia hemsleyana* Maxim.

黑腺珍珠菜 *Lysimachia heterogenea* Klatt

轮叶过路黄 *Lysimachia klattiana* Hance

长梗过路黄 *Lysimachia longipes* Hemsl.

小叶珍珠菜 *Lysimachia parvifolia* Franch. ex Hemsl.

巴东过路黄 *Lysimachia patungensis* Hand. -Mazz.

狭叶珍珠菜 *Lysimachia pentapetala* Bunge

疏头过路黄 *Lysimachia pseudohenryi* Pamp.

疏节过路黄 *Lysimachia remota* Petitm.

天目珍珠菜 *Lysimachia tienmushanensis* Migo

紫金牛属 *Ardisia*

百两金 *Ardisia crispa* (Thunb.) A. DC.

大罗伞树 *Ardisia hanceana* Mez

朱砂根 *Ardisia crenata* Sims

紫金牛 *Ardisia japonica* (Thunberg) Blume

菖蒲科 Acoraceae

菖蒲属 *Acorus*

金钱蒲 *Acorus gramineus* Soland.

菖蒲 *Acorus calamus* L.

车前科 Plantaginaceae

茶菱属 *Trapella*

茶菱 *Trapella sinensis* Oliv.

车前属 *Plantago*

车前 *Plantago asiatica* L.

腹水草属 *Veronicastrum*

爬岩红 *Veronicastrum axillare* (Sieb. et Zucc.) Yamazaki

毛叶腹水草 *Veronicastrum villosulum* (Miq.) Yamazaki

婆婆纳属 *Veronica*

直立婆婆纳 *Veronica arvensis* L.

婆婆纳 *Veronica polita* Fries

蚊母草 *Veronica peregrina* L.

阿拉伯婆婆纳 *Veronica persica* Poir.

水苦荬 *Veronica undulata* Wall.

石龙尾属 *Limnophila*

石龙尾 *Limnophila sessiliflora* (Vahl) Blume

水八角属 *Gratiola*

水八角 *Gratiola japonica* Miq.

唇形科 Lamiaceae

薄荷属 *Mentha*

薄荷 *Mentha canadensis* L.

刺蕊草属 *Pogostemon*

水虎尾 *Pogostemon stellatus*（Lour.）Kuntze

水蜡烛 *Pogostemon yatabeanus*（Makino）Press

大青属 *Clerodendrum*

臭牡丹 *Clerodendrum bungei* Steud.

大青 *Clerodendrum cyrtophyllum* Turcz.

浙江大青 *Clerodendrum kaichianum* Hsu

尖齿臭茉莉 *Clerodendrum lindleyi* Decne. ex Planch.

海州常山 *Clerodendrum trichotomum* Thunb.

豆腐柴属 *Premna*

豆腐柴 *Premna microphylla* Turcz.

风轮菜属 *Clinopodium*

风轮菜 *Clinopodium chinense*（Benth.）O. Ktze.

细风轮菜 *Clinopodium gracile*（Benth.）Matsum.

灯笼草 *Clinopodium polycephalum*（Vaniot）C. Y. Wu et Hsuan ex P. S. Hsu

黄芩属 *Scutellaria*

半枝莲 *Scutellaria barbata* D. Don

韩信草 *Scutellaria indica* L.

光紫黄芩 *Scutellaria laeteviolacea* Koidz.

假活血草 *Scutellaria tuberifera* C. Y. Wu et C. Chen

活血丹属 *Glechoma*

活血丹 *Glechoma longituba*（Nakai）Kupr.

筋骨草属 *Ajuga*

金疮小草 *Ajuga decumbens* Thunb.

紫背金盘 *Ajuga nipponensis* Makino

铃子香属 *Chelonopsis*

毛药花 *Chelonopsis deflexa*（Benth.）Diels

浙江铃子香 *Chelonopsis chekiangensis* C. Y. Wu

绵穗苏属 *Comanthosphace*

天人草 *Comanthosphace japonica*（Miq.）S. Moore

绵穗苏 *Comanthosphace ningpoensis*（Hemsl.）Hand. - Mazz.

牡荆属 *Vitex*

黄荆 *Vitex negundo* L.

牡荆 *Vitex negundo* var. *cannabifolia*（Sieb. et Zucc.）Hand. - Mazz.

牛至属 *Origanum*

　牛至 *Origanum vulgare* L.

石荠苎属 *Mosla*

　小花荠苎 *Mosla cavaleriei* Lévl.

　石香薷 *Mosla chinensis* Maxim.

　小鱼仙草 *Mosla dianthera*（Buch. - Ham. ex Roxburgh）Maxim.

　苏州荠苎 *Mosla soochouensis* Matsuda

鼠尾草属 *Salvia*

　南丹参 *Salvia bowleyana* Dunn

　黄山鼠尾草 *Salvia chienii* Stib.

　华鼠尾草 *Salvia chinensis* Benth.

　鼠尾草 *Salvia japonica* Thunb.

　舌瓣鼠尾草 *Salvia liguliloba* Sun

　丹参 *Salvia miltiorrhiza* Bunge

　荔枝草 *Salvia plebeia* R. Br.

水苏属 *Stachys*

　蜗儿菜 *Stachys arrecta* L. H. Bailey

　水苏 *Stachys japonica* Miq.

四棱草属 *Schnabelia*

　单花莸 *Schnabelia nepetifolia*（Benth.）P. D. Cantino

夏枯草属 *Prunella*

　夏枯草 *Prunella vulgaris* L.

夏至草属 *Lagopsis*

　夏至草 *Lagopsis supina*（Stephan ex Willd.）Ikonn. -Gal.

香茶菜属 *Isodon*

　大萼香茶菜 *Isodon macrocalyx*（Dunn）Kudo

　溪黄草 *Isodon serra*（Maximowicz）Kudo

香简草属 *Keiskea*

　香薷状香简草 *Keiskea elsholtzioides* Merr.

香科科属 *Teucrium*

　庐山香科科 *Teucrium pernyi* Franch.

　血见愁 *Teucrium viscidum* Bl.

香薷属 *Elsholtzia*

　紫花香薷 *Elsholtzia argyi* Lévl.

　香薷 *Elsholtzia ciliata*（Thunb.）Hyland.

　野草香 *Elsholtzia cyprianii*（Pavolini）S. Chow ex P. S. Hsu

海州香薷 *Elsholtzia splendens* Nakai ex F. Maekawa

穗状香薷 *Elsholtzia stachyodes*（Link）C. Y. Wu

小野芝麻属 *Matsumurella*

小野芝麻 *Matsumurella chinense*（Benth.）C. Y. Wu

野芝麻属 *Lamium*

野芝麻 *Lamium barbatum* Sieb. et Zucc.

益母草属 *Leonurus*

益母草 *Leonurus japonicus* Houttuyn

假鬃尾草 *Leonurus chaituroides* C. Y. Wu et H. W. Li

錾菜 *Leonurus pseudomacranthus* Kitagawa

莸属 *Caryopteris*

兰香草 *Caryopteris incana*（Thunb. ex Hout.）Miq.

紫苏属 *Perilla*

紫苏 *Perilla frutescens*（L.）Britt.

茴茴苏 *Perilla frutescens* var. *crispa*（Thunb.）Hand. - Mazz

紫珠属 *Callicarpa*

紫珠 *Callicarpa bodinieri* Levl.

华紫珠 *Callicarpa cathayana* H. T. Chang

白棠子树 *Callicarpa dichotoma*（Lour.）K. Koch

日本紫珠 *Callicarpa japonica* Thunb.

光叶紫珠 *Callicarpa lingii* Merr.

长柄紫珠 *Callicarpa longipes* Dunn

大戟科 Euphorbiaceae

蓖麻属 *Ricinus*

蓖麻 *Ricinus communis* L.

大戟属 *Euphorbia*

泽漆 *Euphorbia helioscopia* L.

铁海棠 *Euphorbia milii* Ch. Des Moulins

大戟 *Euphorbia pekinensis* Rupr.

山麻秆属 *Alchornea*

红背山麻秆 *Alchornea trewioides*（Benth.）Muell. Arg.

铁苋菜属 *Acalypha*

铁苋菜 *Acalypha australis* L.

乌桕属 *Triadica*

乌桕 *Triadica sebifera*（L.）Small

野桐属 *Mallotus*

　白背叶 *Mallotus apelta*（Lour.）Muell. Arg.

　野桐 *Mallotus tenuifolius* Pax

　石岩枫 *Mallotus repandus*（Willd.）Muell. Arg.

油桐属 *Vernicia*

　油桐 *Vernicia fordii*（Hemsl.）Airy Shaw

大麻科 Cannabaceae

糙叶树属 *Aphananthe*

　糙叶树 *Aphananthe aspera*（Thunb.）Planch.

葎草属 *Humulus*

　葎草 *Humulus scandens*（Lour.）Merr.

朴属 *Celtis*

　朴树 *Celtis sinensis* Pers.

　紫弹树 *Celtis biondii* Pamp.

　珊瑚朴 *Celtis julianae* Schneid.

青檀属 *Pteroceltis*

　青檀 *Pteroceltis tatarinowii* Maxim.

山黄麻属 *Trema*

　山油麻 *Trema cannabina* var. *dielsiana*（Hand. - Mazz.）C. J. Chen

灯芯草科 Juncaceae

灯芯草属 *Juncus*

　翅茎灯芯草 *Juncus alatus* Franch. et Sav.

　星花灯芯草 *Juncus diastrophanthus* Buchenau

　灯芯草 *Juncus effusus* L.

　野灯芯草 *Juncus setchuensis* Buchen. ex Diels

冬青科 Aquifoliaceae

冬青属 *Ilex*

　秤星树 *Ilex asprella*（Hook. et Arn.）Champ. ex Benth.

　短梗冬青 *Ilex buergeri* Miq.

　冬青 *Ilex chinensis* Sims

　枸骨 *Ilex cornuta* Lindl. & Paxton

　榕叶冬青 *Ilex ficoidea* Hemsl.

　凸脉冬青 *Ilex kobuskiana* S. Y. Hu

　大叶冬青 *Ilex latifolia* Thunb.

　大果冬青 *Ilex macrocarpa* Oliv.

大柄冬青 *Ilex macropoda* Miq.

小果冬青 *Ilex micrococca* Maxim.

亮叶冬青 *Ilex nitidissima* C. J. Tseng

具柄冬青 *Ilex pedunculosa* Miq.

毛冬青 *Ilex pubescens* Hook. et Arn.

铁冬青 *Ilex rotunda* Thunb.

紫果冬青 *Ilex tsoi* Merrill & Chun

尾叶冬青 *Ilex wilsonii* Loes.

豆科 **Fabaceae**

蝙蝠草属 *Christia*

　蝙蝠草 *Christia vespertilionis* （L. f.）Bahn. F.

草木樨属 *Melilotus*

　草木樨 *Melilotus suaveolens* Ledebour

刺槐属 *Robinia*

　刺槐 *Robinia pseudoacacia* L.

肥皂荚属 *Gymnocladus*

　肥皂荚 *Gymnocladus chinensis* Baill.

葛属 *Pueraria*

　山葛 *Pueraria montana* （Loureiro）Merrill

笔子梢属 *Campylotropis*

　笔子梢 *Campylotropis macrocarpa* （Bge.）Rehd.

合欢属 *Albizia*

　合欢 *Albizia julibrissin* Durazz.

　山槐 *Albizia kalkora* （Roxb.）Prain

合萌属 *Aeschynomene*

　合萌 *Aeschynomene indica* L.

胡枝子属 *Lespedeza*

　中华胡枝子 *Lespedeza chinensis* G. Don

　截叶铁扫帚 *Lespedeza cuneata* （Dum.-Cours.）G. Don

　大叶胡枝子 *Lespedeza davidii* Franch.

　多花胡枝子 *Lespedeza floribunda* Bunge

　铁马鞭 *Lespedeza pilosa* （Thunb.）Sieb. et Zucc.

　美丽胡枝子 *Lespedeza thunbergii* subsp. *formosa* （Vogel）H. Ohashi

槐属 *Styphnolobium*

　槐 *Styphnolobium japonicum* （L.）Schott

　龙爪槐 *Styphnolobium japonicum* cv. *Pendula*

黄芪属 *Astragalus*

    紫云英 *Astragalus sinicus* L.

黄檀属 *Dalbergia*

    藤黄檀 *Dalbergia hancei* Benth.

    黄檀 *Dalbergia hupeana* Hance

鸡血藤属 *Callerya*

    香花鸡血藤 *Callerya dielsiana* (Harms) P. K. Loc ex Z. Wei & Pedley

鸡眼草属 *Kummerowia*

    鸡眼草 *Kummerowia striata* (Thunb.) Schindl.

锦鸡儿属 *Caragana*

    锦鸡儿 *Caragana sinica* (Buc'hoz) Rehd.

决明属 *Senna*

    决明 *Senna tora* (L.) Roxburgh

苦参属 *Sophora*

    红花苦参 *Sophora flavescens* var. *galegoides* (Pall.) DC.

马鞍树属 *Maackia*

    马鞍树 *Maackia hupehensis* Takeda

木蓝属 *Indigofera*

    多花木蓝 *Indigofera amblyantha* Craib

    河北木蓝 *Indigofera bungeana* Walp.

    苏木蓝 *Indigofera carlesii* Craib.

    华东木蓝 *Indigofera fortunei* Craib

    花木蓝 *Indigofera kirilowii* Maxim. ex Palibin

苜蓿属 *Medicago*

    天蓝苜蓿 *Medicago lupulina* L.

    南苜蓿 *Medicago polymorpha* L.

香槐属 *Cladrastis*

    香槐 *Cladrastis wilsonii* Takeda

小槐花属 *Ohwia*

    小槐花 *Ohwia caudata* (Thunberg) H. Ohashi

野豌豆属 *Vicia*

    广布野豌豆 *Vicia cracca* L.

    小巢菜 *Vicia hirsuta* (L.) S. F. Gray

    牯岭野豌豆 *Vicia kulingana* L. H. Bailey

    救荒野豌豆 *Vicia sativa* L.

野豌豆 *Vicia sepium* L.

四籽野豌豆 *Vicia tetrasperma*（L.）Schreber

云实属 *Biancaea*

云实 *Biancaea decapetala*（Roth）O. Deg.

皂荚属 *Gleditsia*

皂荚 *Gleditsia sinensis* Lam.

长柄山蚂蟥属 *Hylodesmum*

长柄山蚂蟥 *Hylodesmum podocarpum*（Candolle）H. Ohashi & R. R. Mill

猪屎豆属 *Crotalaria*

响铃豆 *Crotalaria albida* Heyne ex Roth

紫荆属 *Cercis*

紫荆 *Cercis chinensis* Bunge

黄山紫荆 *Cercis chingii* Chun

紫藤属 *Wisteria*

紫藤 *Wisteria sinensis*（Sims）DC.

杜鹃花科 Ericaceae

吊钟花属 *Enkianthus*

灯笼树 *Enkianthus chinensis* Franch.

杜鹃花属 *Rhododendron*

马银花 *Rhododendron ovatum*（Lindl.）Planch.

云锦杜鹃 *Rhododendron fortunei* Lindl.

鹿角杜鹃 *Rhododendron latoucheae* Franch.

丁香杜鹃 *Rhododendron farrerae* Tate ex Sweet

羊踯躅 *Rhododendron molle*（Blum）G. Don

锦绣杜鹃 *Rhododendron × pulchrum* Sweet

杜鹃 *Rhododendron simsii* Planch.

黄山杜鹃 *Rhododendron maculiferum* subsp. *anwheiense*（E. H. Wilson）D. F. Chamberlain

鹿蹄草属 *Pyrola*

普通鹿蹄草 *Pyrola decorata* H. Andr.

马醉木属 *Pieris*

马醉木 *Pieris japonica*（Thunb.）D. Don ex G. Don

树萝卜属 *Agapetes*

灯笼花 *Agapetes lacei* Craib

水晶兰属 *Monotropa*

水晶兰 *Monotropa uniflora* L.

松下兰属 *Hypopitys*

松下兰 *Hypopitys monotropa* Crantz

越橘属 *Vaccinium*

南烛 *Vaccinium bracteatum* Thunb.

扁枝越橘 *Vaccinium japonicum* var. *sinicum*（Nakai）Rehd.

珍珠花属 *Lyonia*

珍珠花 *Lyonia ovalifolia*（Wall.）Drude

毛果珍珠花 *Lyonia ovalifolia* var. *hebecarpa*（Franch. ex Forb. & Hemsl.）Chun

杜仲科 Eucommiaceae

杜仲属 *Eucommia*

杜仲 *Eucommia ulmoides* Oliv.

防己科 Menispermaceae

蝙蝠葛属 *Menispermum*

蝙蝠葛 *Menispermum dauricum* DC.

秤钩风属 *Diploclisia*

秤钩风 *Diploclisia affinis*（Oliv.）Diels

风龙属 *Sinomenium*

风龙 *Sinomenium acutum*（Thunb.）Rehd. et Wils.

木防己属 *Cocculus*

木防己 *Cocculus orbiculatus*（L.）DC.

千金藤属 *Stephania*

金线吊乌龟 *Stephania cephalantha* Hayata

千金藤 *Stephania japonica*（Thunb.）Miers

粉防己 *Stephania tetrandra* S. Moore

凤仙花科 Balsaminaceae

凤仙花属 *Impatiens*

凤仙花 *Impatiens balsamina* L.

睫毛萼凤仙花 *Impatiens blepharosepala* Pritz. ex E. Pritz. ex Diels

水金凤 *Impatiens noli-tangere* L.

海桐科 Pittosporaceae

海桐属 *Pittosporum*

海金子 *Pittosporum illicioides* Mak.

尖萼海桐 *Pittosporum subulisepalum* Hu et Wang

旱金莲科 Tropaeolaceae

　旱金莲属 *Tropaeolum*

　　旱金莲 *Tropaeolum majus* L.

禾本科 Poaceae

　白茅属 *Imperata*

　　白茅 *Imperata cylindrica*（L.）Beauv.

　稗属 *Echinochloa*

　　光头稗 *Echinochloa colona*（L.）Link

　　稗 *Echinochloa crus-galli*（L.）P. Beauv.

　　水田稗 *Echinochloa oryzoides*（Ard.）Flritsch.

　棒头草属 *Polypogon*

　　棒头草 *Polypogon fugax* Nees ex Steud.

　　长芒棒头草 *Polypogon monspeliensis*（L.）Desf.

　臂形草属 *Brachiaria*

　　毛臂形草 *Brachiaria villosa*（Ham.）A. Camus

　赤竹属 *Sasa*

　　华箬竹 *Sasa sinica* Keng

　臭草属 *Melica*

　　大花臭草 *Melica grandiflora*（Hack.）Koidz.

　　广序臭草 *Melica onoei* Franch. et Sav.

　大油芒属 *Spodiopogon*

　　大油芒 *Spodiopogon sibiricus* Trin.

　　油芒 *Spodiopogon cotulifer*（Thunberg）Hackel

　短柄草属 *Brachypodium*

　　短柄草 *Brachypodium sylvaticum*（Huds.）Beauv.

　短颖草属 *Brachyelytrum*

　　日本短颖草 *Brachyelytrum japonicum*（Hackel）Matsumura ex Honda

　拂子茅属 *Calamagrostis*

　　拂子茅 *Calamagrostis epigeios*（L.）Roth

　甘蔗属 *Saccharum*

　　甜根子草 *Saccharum spontaneum* L.

　刚竹属 *Phyllostachys*

　　黄古竹 *Phyllostachys angusta* McClure

　　石绿竹 *Phyllostachys arcana* McClure

　　黄槽石绿竹 *Phyllostachys arcana* cv. *Luteosulcata* C. D. Chu et C. S. Chao

　　人面竹 *Phyllostachys aurea*（André）Rivière & C. Rivière

桂竹 *Phyllostachys reticulat*a（Rupr.）K. Koch

水竹 *Phyllostachys heteroclada* Oliver

实心竹 *Phyllostachys heteroclada* f. solida（S. L. Chen）Z. P. Wang et Z. H. Yu

毛竹 *Phyllostachys edulis*（Carriere）J. Houzeau

美竹 *Phyllostachys mannii* Gamble

毛环竹 *Phyllostachys meyeri* McClure

篌竹 *Phyllostachys nidularia* Munro

紫竹 *Phyllostachys nigra*（Lodd.）Munro

毛金竹 *Phyllostachys nigra* var. *henonis*（Mitford）Stapf ex Rendle

灰竹 *Phyllostachys nuda* McClure

早竹 *Phyllostachys violascens*（Carriere）Riviere & C. Riviere

狗尾草属 *Setaria*

大狗尾草 *Setaria faberi* R. A. W. Herrmann

金色狗尾草 *Setaria pumila*（Poiret）Roemer & Schultes

皱叶狗尾草 *Setaria plicata*（Lam.）T. Cooke

狗尾草 *Setaria viridis*（L.）Beauv.

狗牙根属 *Cynodon*

狗牙根 *Cynodon dactylon*（L.）Pers.

菰属 *Zizania*

菰 *Zizania latifolia*（Griseb.）Stapf

画眉草属 *Eragrostis*

秋画眉草 *Eragrostis autumnalis* Keng

大画眉草 *Eragrostis cilianensis*（All.）Link ex Vignolo-Lutati

知风草 *Eragrostis ferruginea*（Thunb.）Beauv.

乱草 *Eragrostis japonica*（Thunb.）Trin.

小画眉草 *Eragrostis minor* Host

画眉草 *Eragrostis pilosa*（L.）Beauv.

黄金茅属 *Eulalia*

四脉金茅 *Eulalia quadrinervis*（Hack.）Kuntze

金茅 *Eulalia speciosa*（Debeaux）Kuntze

假稻属 *Leersia*

假稻 *Leersia japonica*（Makino）Honda

秕壳草 *Leersia sayanuka* Ohwi

菅属 *Themeda*

黄背草 *Themeda triandra* Forsk.

剪股颖属 *Agrostis*

巨序剪股颖 *Agrostis gigantea* Roth

华北剪股颖 *Agrostis clavata* Trin.

结缕草属 *Zoysia*

结缕草 *Zoysia japonica* Steud.

金发草属 *Pogonatherum*

金丝草 *Pogonatherum crinitum*（Thunb.）Kunth

荩草属 *Arthraxon*

荩草 *Arthraxon hispidus*（Thunb.）Makino

看麦娘属 *Alopecurus*

看麦娘 *Alopecurus aequalis* Sobol.

日本看麦娘 *Alopecurus japonicus* Steud.

孔颖草属 *Bothriochloa*

白羊草 *Bothriochloa ischaemum*（L.）Keng

孔颖草 *Bothriochloa pertusa*（L.）A. Camus

狼尾草属 *Pennisetum*

狼尾草 *Pennisetum alopecuroides*（L.）Spreng.

箣竹属 *Bambusa*

凤尾竹 *Bambusa multiplex* f. fernleaf（R. A. Young）T. P. Yi

类芦属 *Neyraudia*

山类芦 *Neyraudia montana* Keng

裂稃草属 *Schizachyrium*

裂稃草 *Schizachyrium brevifolium*（Sw.）Nees ex Buse

柳叶箬属 *Isachne*

柳叶箬 *Isachne globosa*（Thunb.）Kuntze

日本柳叶箬 *Isachne nipponensis* Ohwi

芦苇属 *Phragmites*

芦苇 *Phragmites australis*（Cav.）Trin. ex Steud.

乱子草属 *Muhlenbergia*

箱根乱子草 *Muhlenbergia hakonensis*（Hack.）Makino

乱子草 *Muhlenbergia huegelii* Trinius

日本乱子草 *Muhlenbergia japonica* Steud.

多枝乱子草 *Muhlenbergia ramosa*（Hack.）Makino

马唐属 *Digitaria*

毛马唐 *Digitaria ciliaris* var. *chrysoblephara*（Figari & De Notaris）R. R. Stewart

升马唐 *Digitaria ciliaris*（Retz.）Koel.

马唐 *Digitaria sanguinalis*（L.）Scop.

紫马唐 *Digitaria violascens* Link

芒属 *Miscanthus*

五节芒 *Miscanthus floridulus*（Lab.）Warb. ex Schum et Laut.

芒 *Miscanthus sinensis* Anderss.

荻 *Miscanthus sacchariflorus*（Maximowicz）Hackel

囊颖草属 *Sacciolepis*

囊颖草 *Sacciolepis indica*（L.）A. Chase

牛鞭草属 *Hemarthria*

牛鞭草 *Hemarthria sibirica*（Gandoger）Ohwi

披碱草属 *Elymus*

纤毛鹅观草 *Elymus ciliaris*（Trinius ex Bunge）Tzvelev

短芒纤毛草 *Elymus ciliaris* var. *submuticus*（Honda）S. L. Chen

日本纤毛草 *Elymus ciliaris* var. *hackelianus*（Honda）G. Zhu & S. L. Chen

鹅观草 *Elymus kamoji*（Ohwi）S. L. Chen

东瀛鹅观草 *Elymus* × *mayebaranus*（Honda）S. L. Chen

千金子属 *Leptochloa*

双稃草 *Leptochloa fusca*（L.）Kunth

千金子 *Leptochloa chinensis*（L.）Nees

虮子草 *Leptochloa panicea*（Retz.）Ohwi

求米草属 *Oplismenus*

狭叶求米草 *Oplismenus undulatifolius* var. *imbecillis*（R. Br.）Hack.

雀稗属 *Paspalum*

双穗雀稗 *Paspalum distichum* L.

雀稗 *Paspalum thunbergii* Kunth ex Steud.

雀麦属 *Bromus*

雀麦 *Bromus japonicus* Thunb. ex Murr.

疏花雀麦 *Bromus remotiflorus*（Steud.）Ohwi

箬竹属 *Indocalamus*

阔叶箬竹 *Indocalamus latifolius*（Keng）McClure

箬叶竹 *Indocalamus longiauritus* Handel-Mazzetti

三毛草属 *Sibirotrisetum*

三毛草 *Sibirotrisetum bifidum*（Thunb.）Barberá

湖北三毛草 *Sibirotrisetum henryi*（Rendle）Barberá

穇属 *Eleusine*

牛筋草 *Eleusine indica*（L.）Gaertn.

黍属 *Panicum*

　　糠稷 *Panicum bisulcatum* Thunb.

鼠尾粟属 *Sporobolus*

　　鼠尾粟 *Sporobolus fertilis*（Steud.）W. D. Glayt.

粟草属 *Milium*

　　粟草 *Milium effusum* L.

梯牧草属 *Phleum*

　　鬼蜡烛 *Phleum paniculatum* Huds.

甜茅属 *Glyceria*

　　甜茅 *Glyceria acutiflora* subsp. *japonica*（Steud.）T. Koyana et Kawano

蜈蚣草属 *Eremochloa*

　　假俭草 *Eremochloa ophiuroides*（Munro）Hack.

细柄草属 *Capillipedium*

　　细柄草 *Capillipedium parviflorum*（R. Br.）Stapf

显子草属 *Phaenosperma*

　　显子草 *Phaenosperma globosum* Munro ex Benth.

香茅属 *Cymbopogon*

　　橘草 *Cymbopogon goeringii*（Steud.）A. Camus

　　扭鞘香茅 *Cymbopogon tortilis*（J. Presl）A. Camus

鸭嘴草属 *Ischaemum*

　　有芒鸭嘴草 *Ischaemum aristatum* L.

燕麦属 *Avena*

　　野燕麦 *Avena fatua* L.

羊茅属 *Festuca*

　　羊茅 *Festuca ovina* L.

　　小颖羊茅 *Festuca parvigluma* Steud.

野古草属 *Arundinella*

　　野古草 *Arundinella hirta*（Thunb.）Tanaka

野青茅属 *Deyeuxia*

　　野青茅 *Deyeuxia pyramidalis*（Host）Veldkamp

　　纤毛野青茅 *Deyeuxia arundinacea* var. *ciliata*（Honda）P. C. Kuo et S. L. Lu

　　长舌野青茅 *Deyeuxia arundinacea* var. *ligulata*（Rendle）P. C. Kuo et S. L. Lu

　　粗壮野青茅 *Deyeuxia arundinacea* var. *robusta*（Franch. et Sav.）P. C. Kuo et

　　疏穗野青茅 *Deyeuxia effusiflora* Rendle

野黍属 *Eriochloa*

野黍 *Eriochloa villosa* (Thunb.) Kunth

虉草属 *Phalaris*

虉草 *Phalaris arundinacea* L.

隐子草属 *Cleistogenes*

宽叶隐子草 *Cleistogenes hackelii* var. *nakaii* (Keng) Ohwi

北京隐子草 *Cleistogenes hancei* Keng

莠竹属 *Microstegium*

莠竹 *Microstegium vimineum* (Trin.) A. Camus

竹叶茅 *Microstegium nudum* (Trin.) A. Camus

羽茅属 *Achnatherum*

京芒草 *Achnatherum pekinense* (Hance) Ohwi

大叶直芒草 *Achnatherum coreanum* (Honda) Ohwi

早熟禾属 *Poa*

白顶早熟禾 *Poa acroleuca* Steud.

早熟禾 *Poa annua* L.

草地早熟禾 *Poa pratensis* L.

法氏早熟禾 *Poa faberi* Rendle

硬质早熟禾 *Poa sphondylodes* Trin.

胡桃科 Juglandaceae

枫杨属 *Pterocarya*

枫杨 *Pterocarya stenoptera* C. DC.

胡桃属 *Juglans*

胡桃楸 *Juglans mandshurica* Maxim.

胡桃 *Juglans regia* L.

化香树属 *Platycarya*

化香树 *Platycarya strobilacea* Sieb. et Zucc.

青钱柳属 *Cyclocarya*

青钱柳 *Cyclocarya paliurus* (Batal.) Iljinsk.

胡颓子科 Elaeagnaceae

胡颓子属 *Elaeagnus*

宜昌胡颓子 *Elaeagnus henryi* Warb. Apud Diels

胡颓子 *Elaeagnus pungens* Thunb.

牛奶子 *Elaeagnus umbellata* Thunb.

葫芦科 Cucurbitaceae

栝楼属 *Trichosanthes*

　　　金瓜 *Trichosanthes costata* Blume

　　　王瓜 *Trichosanthes cucumeroides*（Ser.）Maxim.

　　　栝楼 *Trichosanthes kirilowii* Maxim.

　　　黄山栝楼 *Trichosanthes rosthornii* var. *huangshanensis* S. K. Chen

　　绞股蓝属 *Gynostemma*

　　　绞股蓝 *Gynostemma pentaphyllum*（Thunb.）Makino

　　雪胆属 *Hemsleya*

　　　　马铜铃 *Hemsleya graciliflora*（Harms）Cogn.

虎耳草科 Saxifragaceae

　　虎耳草属 *Saxifraga*

　　　虎耳草 *Saxifraga stolonifera* Curt.

　　黄水枝属 *Tiarella*

　　　黄水枝 *Tiarella polyphylla* D. Don

　　金腰属 *Chrysosplenium*

　　　大叶金腰 *Chrysosplenium macrophyllum* Oliv.

　　　中华金腰 *Chrysosplenium sinicum* Maxim.

　　落新妇属 *Astilbe*

　　　落新妇 *Astilbe chinensis*（Maxim.）Franch. et Savat.

　　　大落新妇 *Astilbe grandis* Stapf ex Wils.

　　　大果落新妇 *Astilbe macrocarpa* Knoll

虎皮楠科 Daphniphyllaceae

　　虎皮楠属 *Daphniphyllum*

　　　交让木 *Daphniphyllum macropodum* Miq.

桦木科 Betulaceae

　　鹅耳枥属 *Carpinus*

　　　华千金榆 *Carpinus cordata* var. *chinensis* Franch.

　　　短尾鹅耳枥 *Carpinus londoniana* H. Winkl.

　　　鹅耳枥 *Carpinus turczaninowii* Hance

　　桦木属 *Betula*

　　　亮叶桦 *Betula luminifera* H. Winkl.

　　榛属 *Corylus*

　　　川榛 *Corylus heterophylla* var. *sutchuanensis* Franchet

黄杨科 Buxaceae

　　黄杨属 *Buxus*

　　　雀舌黄杨 *Buxus bodinieri* Lévl.

黄杨 *Buxus sinica*（Rehder & E. H. Wilson）M. Cheng

小叶黄杨 *Buxus sinica* var. *parvifolia* M. Cheng

夹竹桃科 Apocynaceae

白前属 *Vincetoxicum*

合掌消 *Vincetoxicum amplexicaule* Siebold et Zucc.

蔓剪草 *Vincetoxicum chekiangense*（M. Cheng）C. Y. Wu et D. Z. Li

竹灵消 *Vincetoxicum inamoenum* Maxim.

毛白前 *Vincetoxicum chinense* S. Moore

徐长卿 *Vincetoxicum pycnostelma* Kitag.

柳叶白前 *Vincetoxicum stauntonii*（Decne.）C. Y. Wu et D. Z. Li

鹅绒藤属 *Cynanchum*

牛皮消 *Cynanchum auriculatum* Royle ex Wight

鹅绒藤 *Cynanchum chinense* R. Br.

朱砂藤 *Cynanchum officinale*（Hemsl.）Tsiang et Tsiang et Zhang

萝藦 *Cynanchum rostellatum*（Turcz.）Liede & Khanum

络石属 *Trachelospermum*

短柱络石 *Trachelospermum brevistylum* Hand. - Mazz.

贵州络石 *Trachelospermum bodinieri*（Lévl.）Woods. ex Rehd.

络石 *Trachelospermum jasminoides*（Lindl.）Lem.

毛药藤属 *Sindechites*

毛药藤 *Sindechites henryi* Oliv.

秦岭藤属 *Biondia*

青龙藤 *Biondia henryi*（Warb. ex Schltr. et Diels）Tsiang et P. T. Li

荚蒾科 Viburnaceae

荚蒾属 *Viburnum*

金腺荚蒾 *Viburnum chunii* Hsu

荚蒾 *Viburnum dilatatum* Thunb.

衡山荚蒾 *Viburnum hengshanicum* Tsiang ex Hsu

黑果荚蒾 *Viburnum melanocarpum* Hsu

蝴蝶戏珠花 *Viburnum plicatum* f. *tomentosum*（Miq.）Rehder

茶荚蒾 *Viburnum setigerum* Hance

合轴荚蒾 *Viburnum sympodiale* Graebn.

浙皖荚蒾 *Viburnum wrightii* Miq.

接骨木属 *Sambucus*

接骨草 *Sambucus javanica* Blume

接骨木 *Sambucus williamsii* Hance

姜科 **Zingiberaceae**

姜属 *Zingiber*

襄荷 *Zingiber mioga*（Thunb.）Rosc.

山姜属 *Alpinia*

山姜 *Alpinia japonica*（Thunb.）Miq.

金缕梅科 **Hamamelidaceae**

檵木属 *Loropetalum*

檵木 *Loropetalum chinense*（R. Br.）Oliver

金缕梅属 *Hamamelis*

金缕梅 *Hamamelis mollis* Oliver

蜡瓣花属 *Corylopsis*

腺蜡瓣花 *Corylopsis glandulifera* Hemsl.

阔蜡瓣花 *Corylopsis platypetala* Rehd. et Wils.

蜡瓣花 *Corylopsis sinensis* Hemsl.

红药蜡瓣花 *Corylopsis veitchiana* Bean

牛鼻栓属 *Fortunearia*

牛鼻栓 *Fortunearia sinensis* Rehd. et Wils.

蚊母树属 *Distylium*

杨梅叶蚊母树 *Distylium myricoides* Hemsl.

蚊母树 *Distylium racemosum* Siebold & Zucc.

金丝桃科 **Hypericaceae**

金丝桃属 *Hypericum*

黄海棠 *Hypericum ascyron* L.

赶山鞭 *Hypericum attenuatum* Choisy

金丝桃 *Hypericum monogynum* L.

地耳草 *Hypericum japonicum* Thunb. ex Murray

金丝梅 *Hypericum patulum* Thunb. ex Murray

元宝草 *Hypericum sampsonii* Hance

金粟兰科 **Chloranthaceae**

金粟兰属 *Chloranthus*

安徽金粟兰 *Chloranthus anhuiensis* K. F. Wu

丝穗金粟兰 *Chloranthus fortunei*（A. Gray）Solms - Laub

宽叶金粟兰 *Chloranthus henryi* Hemsl.

及己 *Chloranthus serratus*（Thunb.）Roem. et Schult.

金粟兰 *Chloranthus spicatus*（Thunb.）Makino

金鱼藻科 Ceratophyllaceae

金鱼藻属 *Ceratophyllum*

金鱼藻 *Ceratophyllum demersum* L.

堇菜科 Violaceae

堇菜属 *Viola*

鸡腿堇菜 *Viola acuminata* Ledeb.

戟叶堇菜 *Viola betonicifolia* J. E. Smith

南山堇菜 *Viola chaerophylloides* (Regel) W. Beck.

球果堇菜 *Viola collina* Bess.

心叶堇菜 *Viola yunnanfuensis* W. Becker

大叶堇菜 *Viola diamantiaca* Nakai

紫花堇菜 *Viola grypoceras* A. Gray

长萼堇菜 *Viola inconspicua* Blume

犁头叶堇菜 *Viola magnifica* C. J. Wang et X. D. Wang

枪叶堇菜 *Viola belophylla* H. Boissieu

紫花地丁 *Viola philippica* Cav.

柔毛堇菜 *Viola fargesii* H. Boissieu

辽宁堇菜 *Viola rossii* Hemsl. ex Forbes et Hemsl.

深山堇菜 *Viola selkirkii* Pursh ex Gold

庐山堇菜 *Viola stewardiana* W. Beck.

三角叶堇菜 *Viola triangulifolia* W. Beck.

斑叶堇菜 *Viola variegata* Fisch ex Link

如意草 *Viola arcuata* Blume

锦葵科 Malvaceae

扁担杆属 *Grewia*

小叶扁担杆 *Grewia biloba* var. *microphylla* (Max.) Hand.‐Mazz.

椴属 *Tilia*

短毛椴 *Tilia chingiana* Hu & W. C. Cheng

糯米椴 *Tilia henryana* var. *subglabra* V. Engl.

华东椴 *Tilia japonica* Simonk.

粉椴 *Tilia oliveri* Szyszyl.

少脉椴 *Tilia paucicostata* Maxim.

锦葵属 *Malva*

锦葵 *Malva cathayensis* M. G. Gilbert

野葵 *Malva verticillata* L.

马松子属 *Melochia*

马松子 *Melochia corchorifolia* L.

木槿属 *Hibiscus*

木芙蓉 *Hibiscus mutabilis* L.

木槿 *Hibiscus syriacus* L.

苘麻属 *Abutilon*

苘麻 *Abutilon theophrasti* Medicus

田麻属 *Corchoropsis*

光果田麻 *Corchoropsis crenata* var. *hupehensis* Pampanini

田麻 *Corchoropsis crenata* Siebold & Zuccarini

梧桐属 *Firmiana*

梧桐 *Firmiana simplex*（L.）W. Wight

旌节花科 Stachyuraceae

旌节花属 *Stachyurus*

中国旌节花 *Stachyurus chinensis* Franch.

景天科 Crassulaceae

八宝属 *Hylotelephium*

八宝 *Hylotelephium erythrostictum*（Miq.）H. Ohba

紫花八宝 *Hylotelephium mingjinianum*（S. H. Fu）H. Ohba

轮叶八宝 *Hylotelephium verticillatum*（L.）H. Ohba

费菜属 *Phedimus*

费菜 *Phedimus aizoon*（L.）'t Hart

景天属 *Sedum*

东南景天 *Sedum alfredii* Hance

珠芽景天 *Sedum bulbiferum* Makino

大叶火焰草 *Sedum drymarioides* Hance

凹叶景天 *Sedum emarginatum* Migo

薄叶景天 *Sedum leptophyllum* Frod.

佛甲草 *Sedum lineare* Thunb.

圆叶景天 *Sedum makinoi* Maxim.

爪瓣景天 *Sedum onychopetalum* Frod.

藓状景天 *Sedum polytrichoides* Hemsl.

垂盆草 *Sedum sarmentosum* Bunge

短蕊景天 *Sedum yvesii* Hamet

瓦松属 *Orostachys*

瓦松 *Orostachys fimbriata*（Turczaninow）A. Berger

桔梗科 Campanulaceae

半边莲属 *Lobelia*

半边莲 *Lobelia chinensis* Lour.

党参属 *Codonopsis*

羊乳 *Codonopsis lanceolata*（Sieb. et Zucc.）Trautv.

桔梗属 *Platycodon*

桔梗 *Platycodon grandiflorus*（Jacq.）A. DC.

蓝花参属 *Wahlenbergia*

蓝花参 *Wahlenbergia marginata*（Thunb.）A. DC.

沙参属 *Adenophora*

沙参 *Adenophora stricta* Miq.

轮叶沙参 *Adenophora tetraphyll* a（Thunb.）Fisch.

荠苨 *Adenophora trachelioides* Maxim.

菊科 Asteraceae

白酒草属 *Eschenbachia*

白酒草 *Eschenbachia japonica*（Thunb.）J. Kost.

苍耳属 *Xanthium*

苍耳 *Xanthium strumarium* L.

苍术属 *Atractylodes*

苍术 *Atractylodes lancea*（Thunb.）DC.

白术 *Atractylodes macrocephala* Koidz.

大丁草属 *Leibnitzia*

大丁草 *Leibnitzia anandria*（L.）Turczaninow

大吴风草属 *Farfugium*

大吴风草 *Farfugium japonicum*（L. f.）Kitam.

飞廉属 *Carduus*

飞廉 *Carduus nutans* L.

飞蓬属 *Erigeron*

香丝草 *Erigeron bonariensis* L.

小蓬草 *Erigeron canadensis* L.

一年蓬 *Erigeron annuus*（L.）Pers.

风毛菊属 *Saussurea*

黄山风毛菊 *Saussurea hwangshanensis* Ling

风毛菊 *Saussurea japonica*（Thunb.）DC.

蜂斗菜属 *Petasites*

蜂斗菜 *Petasites japonicus*（Sieb. et Zucc.）Maxim.

狗舌草属 *Tephroseris*

狗舌草 *Tephroseris kirilowii*（Turcz. ex DC.）Holub

鬼针草属 *Bidens*

鬼针草 *Bidens pilosa* L.

婆婆针 *Bidens bipinnata* L.

金盏银盘 *Bidens biternata*（Lour.）Merr. et Sherff

蒿属 *Artemisia*

黄花蒿 *Artemisia annua* L.

奇蒿 *Artemisia anomala* S. Moore

茵陈蒿 *Artemisia capillaris* Thunb.

南牡蒿 *Artemisia eriopoda* Bge.

五月艾 *Artemisia indica* Willd.

牡蒿 *Artemisia japonica* Thunb.

白苞蒿 *Artemisia lactiflora* Wall. ex DC.

野艾蒿 *Artemisia lavandulifolia* Candolle

白莲蒿 *Artemisia stechmanniana* Bess.

猪毛蒿 *Artemisia scoparia* Waldst. et Kit.

宽叶山蒿 *Artemisia stolonifera*（Maxim.）Komar.

南艾蒿 *Artemisia verlotorum* Lamotte

和尚菜属 *Adenocaulon*

和尚菜 *Adenocaulon himalaicum* Edgew.

黄鹌菜属 *Youngia*

黄鹌菜 *Youngia japonica*（L.）DC.

火绒草属 *Leontopodium*

薄雪火绒草 *Leontopodium japonicum* Miq.

蓟属 *Cirsium*

线叶蓟 *Cirsium lineare*（Thunb.）Sch. - Bip.

蓟 *Cirsium japonicum* Fisch. ex DC.

野蓟 *Cirsium maackii* Maxim.

刺儿菜 *Cirsium arvense* var. *integrifolium* C. Wimm. et Grabowski

牛口刺 *Cirsium shansiense* Petrak

假福王草属 *Paraprenanthes*

假福王草 *Paraprenanthes sororia*（Miq.）Shih

疆千里光属 *Jacobaea*

额河千里光 *Jacobaea argunensis*（Turczaninow）B. Nordenstam

菊三七属 *Gynura*

 菊三七 *Gynura japonica*（Thunb.）Juel.

菊属 *Chrysanthemum*

 野菊 *Chrysanthemum indicum* L.

苦苣菜属 *Sonchus*

 苣荬菜 *Sonchus wightianus* DC.

 苦苣菜 *Sonchus oleraceus* L.

苦荬菜属 *Ixeris*

 剪刀股 *Ixeris japonica*（Burm. F.）Nakai

 苦荬菜 *Ixeris polycephala* Cass.

款冬属 *Tussilago*

 款冬 *Tussilago farfara* L.

鳢肠属 *Eclipta*

 鳢肠 *Eclipta prostrata*（L.）L.

漏芦属 *Rhaponticum*

 华漏芦 *Rhaponticum chinense*（S. Moore）L. Martins & Hidalgo

毛连菜属 *Picris*

 毛连菜 *Picris hieracioides* L.

泥胡菜属 *Hemisteptia*

 泥胡菜 *Hemisteptia lyrata*（Bunge）Fischer & C. A. Meyer

牛蒡属 *Arctium*

 牛蒡 *Arctium lappa* L.

女菀属 *Turczaninovia*

 女菀 *Turczaninovia fastigiata*（Fischer）Candolle

蒲儿根属 *Sinosenecio*

 九华蒲儿根 *Sinosenecio jiuhuashanicus* C. Jeffrey et Y. L. Chen

 蒲儿根 *Sinosenecio oldhamianus*（Maxim.）B. Nord.

蒲公英属 *Taraxacum*

 蒲公英 *Taraxacum mongolicum* Hand.-Mazz.

千里光属 *Senecio*

 林荫千里光 *Senecio nemorensis* L.

 千里光 *Senecio scandens* Buch.-Ham. ex D. Don

山牛蒡属 *Synurus*

 山牛蒡 *Synurus deltoides*（Ait.）Nakai

湿鼠曲草属 *Gnaphalium*

细叶湿鼠曲草 *Gnaphalium japonicum* Thunb.

石胡荽属 *Centipeda*

石胡荽 *Centipeda minima*（L.）A. Br. et Aschers.

天名精属 *Carpesium*

天名精 *Carpesium abrotanoides* L.

烟管头草 *Carpesium cernuum* L.

金挖耳 *Carpesium divaricatum* Sieb. et Zucc.

兔儿伞属 *Syneilesis*

兔儿伞 *Syneilesis aconitifolia*（Bunge）Maxim.

橐吾属 *Ligularia*

浙江橐吾 *Ligularia chekiangensis* Kitam.

齿叶橐吾 *Ligularia dentata*（A. Gray）Hara

蹄叶橐吾 *Ligularia fischeri*（Ledeb.）Turcz.

鹿蹄橐吾 *Ligularia hodgsonii* Hook.

窄头橐吾 *Ligularia stenocephala*（Maxim.）Matsum. et Koidz.

莴苣属 *Lactuca*

毛脉翅果菊 *Lactuca raddeana* Maxim.

台湾翅果菊 *Lactuca formosana* Maxim.

翅果菊 *Lactuca indica* L.

豨莶属 *Sigesbeckia*

毛梗豨莶 *Sigesbeckia glabrescens*（Makino）Makino

豨莶 *Sigesbeckia orientalis* L.

腺梗豨莶 *Sigesbeckia pubescens*（Makino）Makino

虾须草属 *Sheareria*

虾须草 *Sheareria nana* S. Moore

下田菊属 *Adenostemma*

下田菊 *Adenostemma lavenia*（L.）O. Kuntze

香青属 *Anaphalis*

香青 *Anaphalis sinica* Hance

蟹甲草属 *Parasenecio*

黄山蟹甲草 *Parasenecio hwangshanicus*（Ling）Y. L. Chen

须弥菊属 *Himalaiella*

三角叶须弥菊 *Himalaiella deltoidea*（Candolle）Raab-Straube

旋覆花属 *Inula*

旋覆花 *Inula japonica* Thunb.

鸦葱属 *Takhtajaniantha*

    鸦葱 *Takhtajaniantha austriaca*（Willd.）Zaika

野茼蒿属 *Crassocephalum*

    野茼蒿 *Crassocephalum crepidioides*（Benth.）S. Moore

一点红属 *Emilia*

    一点红 *Emilia sonchifolia*（L.）DC.

一枝黄花属 *Solidago*

    一枝黄花 *Solidago decurrens* Lour.

泽兰属 Eupatorium

    多须公 *Eupatorium chinense* L.

    佩兰 *Eupatorium fortunei* Turcz.

    林泽兰 *Eupatorium lindleyanum* DC.

帚菊属 *Pertya*

    心叶帚菊 *Pertya cordifolia* Mattf.

紫菀属 *Aster*

    三脉紫菀 *Aster ageratoides* Turcz.

    琴叶紫菀 *Aster panduratus* Nees ex Walper

    高茎紫菀 *Aster procerus* Hemsley

    陀螺紫菀 *Aster turbinatus* S. Moore

    东风菜 *Aster scaber* Thunb.

    狗娃花 *Aster hispidus* Thunb.

    马兰 *Aster indicus* L.

    全叶马兰 *Aster pekinensis*（Hance）Kitag.

爵床科 Acanthaceae

观音草属 *Peristrophe*

    九头狮子草 *Peristrophe japonica*（Thunb.）Bremek.

孩儿草属 *Rungia*

    中华孩儿草 *Rungia chinensis* Benth.

爵床属 *Justicia*

    杜根藤 *Justicia quadrifaria*（Nees）T. Anderson

    爵床 *Justicia procumbens* L.

十万错属 *Asystasia*

    白接骨 *Asystasia neesiana*（Wall.）Nees

壳斗科 Fagaceae

柯属 *Lithocarpus*

柯 *Lithocarpus glaber*（Thunb.）Nakai

灰柯 *Lithocarpus henryi*（Seemen）Rehd. et Wils.

栎属 *Quercus*

青冈 *Quercus glauca* Thunb.

细叶青冈 *Quercus shennongii* C. C. Huang et S. H. Fu

小叶青冈 *Quercus myrsinifolia* Blume

云山青冈 *Quercus sessilifolia* Blume

褐叶青冈 *Quercus stewardiana* A. Camus

麻栎 *Quercus acutissima* Carr.

槲栎 *Quercus aliena* Blume

小叶栎 *Quercus chenii* Nakai

槲树 *Quercus dentata* Thunb.

白栎 *Quercus fabri* Hance

黄山栎 *Quercus stewardii* Rehd.

栓皮栎 *Quercus variabilis* Blume

枹栎 *Quercus serrata* Murray

栗属 *Castanea*

锥栗 *Castanea henryi*（Skan）Rehd. et Wils.

茅栗 *Castanea seguinii* Dode

栗 *Castanea mollissima* Blume

水青冈属 *Fagus*

米心水青冈 *Fagus engleriana* Seem.

水青冈 *Fagus longipetiolata* Seem.

锥属 *Castanopsis*

米槠 *Castanopsis carlesii*（Hemsl.）Hayata.

苦槠 *Castanopsis sclerophylla*（Lindl. et Paxton）Schottky

甜槠 *Castanopsis eyrei*（Champ. ex Benth.）Tutch.

苦苣苔科 Gesneriaceae

吊石苣苔属 *Lysionotus*

吊石苣苔 *Lysionotus pauciflorus* Maxim.

苦苣苔属 *Conandron*

苦苣苔 *Conandron ramondioides* Sieb. et Zucc.

马铃苣苔属 *Oreocharis*

浙皖佛肚苣苔 *Oreocharis chienii*（Chun）Mich. Möller & A. Weber

苦木科 Simaroubaceae

臭椿属 *Ailanthus*

臭椿 *Ailanthus altissima*（Mill.）Swingle

蜡梅科 Calycanthaceae

蜡梅属 *Chimonanthus*

蜡梅 *Chimonanthus praecox*（L.）Link

夏蜡梅属 *Calycanthus*

夏蜡梅 *Calycanthus chinensis*（W. C. Cheng & S. Y. Chang）W. C. Cheng & S. Y. Chang ex P. T. Li

兰科 Orchidaceae

斑叶兰属 *Goodyera*

斑叶兰 *Goodyera schlechtendaliana* Rchb. F.

杓兰属 *Cypripedium*

扇脉杓兰 *Cypripedium japonicum* Thunb.

兜被兰属 *Neottianthe*

二叶兜被兰 *Neottianthe cucullata*（L.）Schltr.

独蒜兰属 *Pleione*

独蒜兰 *Pleione bulbocodioides*（Franch.）Rolfe

杜鹃兰属 *Cremastra*

杜鹃兰 *Cremastra appendiculata*（D. Don）Makino

兰属 *Cymbidium*

春兰 *Cymbidium goeringii*（Rchb. f.）Rchb. F.

建兰 *Cymbidium ensifolium*（L.）Sw.

舌唇兰属 *Platanthera*

小舌唇兰 *Platanthera minor*（Miq.）Rchb. F.

小花蜻蜓兰 *Platanthera ussuriensis*（Regel et Maack）Maxim.

绶草属 *Spiranthes*

绶草 *Spiranthes sinensis*（Pers.）Ames

头蕊兰属 *Cephalanthera*

金兰 *Cephalanthera falcata*（Thunb. ex A. Murray）Bl.

虾脊兰属 *Calanthe*

钩距虾脊兰 *Calanthe graciliflora* Hayata

小沼兰属 *Oberonioides*

小沼兰 *Oberonioides microtatantha*（Schlechter）Szlachetko

羊耳蒜属 *Liparis*

羊耳蒜 *Liparis campylostalix* H. G. Reichenbach

玉凤花属 *Habenaria*

鹅毛玉凤花 *Habenaria dentata*（Sw.）Schltr

蓝果树科 **Nyssaceae**

蓝果树属 *Nyssa*

蓝果树 *Nyssa sinensis* Oliv.

喜树属 *Camptotheca*

喜树 *Camptotheca acuminata* Decne.

狸藻科 **Lentibulariaceae**

狸藻属 *Utricularia*

黄花狸藻 *Utricularia aurea* Lour.

挖耳草 *Utricularia bifida* L.

圆叶挖耳草 *Utricularia striatula* J. Smith

藜芦科 **Melanthiaceae**

延龄草属 *Trillium*

延龄草 *Trillium tschonoskii* Maxim.

重楼属 *Paris*

七叶一枝花 *Paris polyphylla* Smith

狭叶重楼 *Paris polyphylla* var. *stenophylla* Franch.

北重楼 *Paris verticillata* M.-Bieb.

连香树科 **Cercidiphyllaceae**

连香树属 *Cercidiphyllum*

连香树 *Cercidiphyllum japonicum* Sieb. et Zucc.

楝科 **Meliaceae**

楝属 *Melia*

楝 *Melia azedarach* L.

香椿属 *Toona*

红椿 *Toona ciliata* Roem.

香椿 *Toona sinensis*（A. Juss.）Roem.

蓼科 **Polygonaceae**

萹蓄属 *Polygonum*

萹蓄 *Polygonum aviculare* L.

何首乌属 *Pleuropterus*

何首乌 *Pleuropterus multiflorus*（Thunb.）Nakai

虎杖属 *Reynoutria*

虎杖 *Reynoutria japonica* Houtt.

蓼属 *Persicaria*

短毛金线草 *Persicaria neofiliformis*（Nakai）Ohki

火炭母 *Persicaria chinensis*（L.）H. Gross

蓼子草 *Persicaria criopolitana*（Hance）Migo

稀花蓼 *Persicaria dissitiflora*（Hemsl.）H. Gross ex T. Mori

水蓼 *Persicaria hydropiper*（L.）Spach

蚕茧草 *Persicaria japonica*（Meisn.）H. Gross ex Nakai

显花蓼 *Persicaria conspicua*（Nakai）Nakai ex T. Mori

酸模叶蓼 *Persicaria lapathifolia*（L.）S. F. Gray

绵毛酸模叶蓼 *Persicaria lapathifolia* var. *salicifolia*（Sibth.）Miyabe

尼泊尔蓼 *Persicaria nepalensis*（Meisn.）H. Gross

扛板归 *Persicaria perfoliata*（L.）H. Gross

春蓼 *Persicaria maculosa*（Lam.）Holub

赤胫散 *Persicaria runcinata* var. *sinensis*（Hemsl.）Bo Li

刺蓼 *Persicaria senticosa*（Meisn.）H. Gross ex Nakai

箭头蓼 *Persicaria sagittata*（L.）H. Gross ex Nakai

戟叶蓼 *Persicaria thunbergii*（Siebold & Zucc.）Nakai

金线草 *Persicaria filiformis*（Thunb.）Nakai

荞麦属 *Fagopyrum*

金荞麦 *Fagopyrum dibotrys*（D. Don）Hara

荞麦 *Fagopyrum esculentum* Moench

酸模属 *Rumex*

酸模 *Rumex acetosa* L.

齿果酸模 *Rumex dentatus* L.

羊蹄 *Rumex japonicus* Houtt.

中亚酸模 *Rumex popovii* Pachomova

列当科 Orobanchaceae

地黄属 *Rehmannia*

天目地黄 *Rehmannia chingii* H. L. Li

鹿茸草属 *Monochasma*

鹿茸草 *Monochasma sheareri* Maxim. ex Franch. et Savat.

马先蒿属 *Pedicularis*

返顾马先蒿 *Pedicularis resupinata* L.

山罗花属 *Melampyrum*

山罗花 *Melampyrum roseum* Maxim.

松蒿属 *Phtheirospermum*

松蒿 *Phtheirospermum japonicum*（Thunb.）Kanitz

野菰属 *Aeginetia*

　野菰 *Aeginetia indica* L.

阴行草属 *Siphonostegia*

　阴行草 *Siphonostegia chinensis* Benth.

　腺毛阴行草 *Siphonostegia laeta* S. Moore

领春木科 **Eupteleaceae**

领春木属 *Euptelea*

　领春木 *Euptelea pleiosperma* J. D. Hooker & Thomson

柳叶菜科 **Onagraceae**

丁香蓼属 *Ludwigia*

　丁香蓼 *Ludwigia prostrata* Roxb.

柳叶菜属 *Epilobium*

　柳叶菜 *Epilobium hirsutum* L.

　长籽柳叶菜 *Epilobium pyrricholophum* Franch. et Savat.

露珠草属 *Circaea*

　高山露珠草 *Circaea alpina* L.

　谷蓼 *Circaea erubescens* Franch. et Sav.

　南方露珠草 *Circaea mollis* Sieb. et Zucc.

月见草属 *Oenothera*

　月见草 *Oenothera biennis* L.

龙胆科 **Gentianaceae**

百金花属 *Centaurium*

　百金花 *Centaurium pulchellum* var. *altaicum*（Griseb.）Kitag. et Hara

龙胆属 *Gentiana*

　黄山龙胆 *Gentiana delicata* Hance

　条叶龙胆 *Gentiana manshurica* Kitag.

　龙胆 *Gentiana scabra* Bunge

　笔龙胆 *Gentiana zollingeri* Fawcett

双蝴蝶属 *Tripterospermum*

　湖北双蝴蝶 *Tripterospermum discoideum*（Marq.）H. Smith

　细茎双蝴蝶 *Tripterospermum filicaule*（Hemsl.）H. Smith

　玉山双蝴蝶 *Tripterospermum lanceolatum*（Hayata）Hara ex Satake

獐牙菜属 *Swertia*

　獐牙菜 *Swertia bimaculata*（Sieb. et Zucc.）Hook. f. et Thoms. ex C. B. Clark

浙江獐牙菜 *Swertia hickinii* Burk.

马鞭草科 Verbenaceae

马鞭草属 *Verbena*

马鞭草 *Verbena officinalis* L.

马齿苋科 Portulacaceae

马齿苋属 *Portulaca*

马齿苋 *Portulaca oleracea* L.

大花马齿苋 *Portulaca grandiflora* Hook.

毛马齿苋 *Portulaca pilosa* L.

马兜铃科 Aristolochiaceae

马兜铃属 *Aristolochia*

马兜铃 *Aristolochia debilis* Sieb. et Zucc.

细辛属 *Asarum*

杜衡 *Asarum forbesii* Maxim.

小叶马蹄香 *Asarum ichangense* C. Y. Cheng et C. S. Yang

长毛细辛 *Asarum pulchellum* Hemsl.

肾叶细辛 *Asarum renicordatum* C. Y. Cheng et C. S. Yang

细辛 *Asarum heterotropoides* Fr. Schmidt

马钱科 Loganiaceae

蓬莱葛属 *Gardneria*

蓬莱葛 *Gardneria multiflora* Makino

牻牛儿苗科 Geraniaceae

老鹳草属 *Geranium*

老鹳草 *Geranium wilfordii* Maxim.

天竺葵属 *Pelargonium*

天竺葵 *Pelargonium hortorum* Bailey

毛茛科 Ranunculaceae

白头翁属 *Pulsatilla*

白头翁 *Pulsatilla chinensis* (Bunge) Regel

翠雀属 *Delphinium*

还亮草 *Delphinium anthriscifolium* Hance

黄连属 *Coptis*

短萼黄连 *Coptis chinensis* var. *brevisepala* W. T. Wang et Hsiao

金莲花属 *Trollius*

金莲花 *Trollius chinensis* Bunge

类叶升麻属 *Actaea*

　　小升麻 *Actaea japonica* Thunb.

毛茛属 *Ranunculus*

　　禺毛茛 *Ranunculus cantoniensis* DC.

　　茴茴蒜 *Ranunculus chinensis* Bunge

　　毛茛 *Ranunculus japonicus* Thunb.

　　石龙芮 *Ranunculus sceleratus* L.

　　扬子毛茛 *Ranunculus sieboldii* Miq.

唐松草属 *Thalictrum*

　　尖叶唐松草 *Thalictrum acutifolium*（Hand. - Mazz.）Boivin

　　大叶唐松草 *Thalictrum faberi* Ulbr.

　　华东唐松草 *Thalictrum fortunei* S. Moore

天葵属 *Semiaquilegia*

　　天葵 *Semiaquilegia adoxoides*（DC.）Makino

铁线莲属 *Clematis*

　　女萎 *Clematis apiifolia* DC.

　　钝齿铁线莲 *Clematis apiifolia* var. *argentilucida*（H. Léveillé & Vaniot）W. T. Wang

　　威灵仙 *Clematis chinensis* Osbeck

　　山木通 *Clematis finetiana* Lévl. et Vant.

　　扬子铁线莲 *Clematis puberula* var. *ganpiniana*（H. Léveillé & Vaniot）W. T. Wang

　　单叶铁线莲 *Clematis henryi* Oliv.

　　大叶铁线莲 *Clematis heracleifolia* DC.

　　绣球藤 *Clematis montana* Buch. -Ham. ex DC.

　　宽柄铁线莲 *Clematis otophora* Franch. ex Finet et Gagnep.

　　圆锥铁线莲 *Clematis terniflora* DC.

　　柱果铁线莲 *Clematis uncinata* Champ.

乌头属 *Aconitum*

　　乌头 *Aconitum carmichaelii* Debeaux

　　赣皖乌头 *Aconitum finetianum* Hand. - Mazz.

　　瓜叶乌头 *Aconitum hemsleyanum* Pritz.

　　狭盔高乌头 *Aconitum sinomontanum* var. *angustius* W. T. Wang

银莲花属 *Anemone*

　　打破碗花花 *Anemone hupehensis* Lem.

獐耳细辛属 *Hepatica*

獐耳细辛 *Hepatica nobilis* var. *asiatica* （Nakai）Hara

美人蕉科 Cannaceae

美人蕉属 *Canna*

大花美人蕉 *Canna* × *generalis* L. H. Bailey

美人蕉 *Canna indica* L.

猕猴桃科 Actinidiaceae

猕猴桃属 *Actinidia*

软枣猕猴桃 *Actinidia arguta* （Sieb. et Zucc. ）Planch. ex Miq.

异色猕猴桃 *Actinidia callosa* var. *discolor* C. F. Liang

中华猕猴桃 *Actinidia chinensis* Planch.

小叶猕猴桃 *Actinidia lanceolata* Dunn

阔叶猕猴桃 *Actinidia latifolia* （Gardn. et Champ. ）Merr.

黑蕊猕猴桃 *Actinidia melanandra* Franch.

清风藤猕猴桃 *Actinidia sabiifolia* Dunn

对萼猕猴桃 *Actinidia valvata* Dunn

母草科 Linderniaceae

陌上菜属 *Lindernia*

长蒴母草 *Lindernia anagallis* （Burm. F. ）Pennell

陌上菜 *Lindernia procumbens* （Krock. ）Borbas

九华山母草 *Lindernia jiuhuanica* X. H. Guo & X. L. Liu

木兰科 Magnoliaceae

北美木兰属 *Magnolia*

荷花木兰 *Magnolia grandiflora* L.

鹅掌楸属 *Liriodendron*

鹅掌楸 *Liriodendron chinense* （Hemsl. ）Sarg.

含笑属 *Michelia*

深山含笑 *Michelia maudiae* Dunn

含笑花 *Michelia figo* （Lour. ）Spreng.

厚朴属 *Houpoea*

凹叶厚朴 *Houpoea officinalis* cv. Biloba

木莲属 *Manglietia*

木莲 *Manglietia fordiana* Oliv.

玉兰属 *Yulania*

天目玉兰 *Yulania amoena* （W. C. Cheng）D. L. Fu

黄山玉兰 *Yulania cylindrica* （E. H. Wilson）D. L. Fu

玉兰 *Yulania denudata* (Desr.) D. L. Fu

二乔玉兰 *Yulania* × *soulangeana* (Soul.‑Bod.) D. L. Fu

宝华玉兰 *Yulania zenii* (W. C. Cheng) D. L. Fu

天女花属 *Oyama*

天女花 *Oyama sieboldii* (K. Koch) N. H. Xia & C. Y. Wu

木通科 Lardizabalaceae

八月瓜属 *Holboellia*

鹰爪枫 *Holboellia coriacea* Deils

大血藤属 *Sargentodoxa*

大血藤 *Sargentodoxa cuneata* (Oliv.) Rehd. et Wils.

猫儿屎属 *Decaisnea*

猫儿屎 *Decaisnea insignis* (Griffith) J. D. Hooker et Thomson

木通属 *Akebia*

木通 *Akebia quinata* (Thunb. ex Houtt.) Decne.

野木瓜属 *Stauntonia*

西南野木瓜 *Stauntonia cavalerieana* Gagnep.

木樨科 Oleaceae

梣属 *Fraxinus*

小叶梣 *Fraxinus bungeana* DC.

白蜡树 *Fraxinus chinensis* Roxb.

苦枥木 *Fraxinus insularis* Hemsl.

连翘属 *Forsythia*

连翘 *Forsythia suspensa* (Thunb.) Vahl

金钟花 *Forsythia viridissima* Lindl.

流苏树属 *Chionanthus*

流苏树 *Chionanthus retusus* Lindl. et Paxt.

木樨属 *Osmanthus*

木樨 *Osmanthus fragrans* Lour.

女贞属 *Ligustrum*

日本女贞 *Ligustrum japonicum* Thunb.

蜡子树 *Ligustrum leucanthum* (S. Moore) P. S. Green

女贞 *Ligustrum lucidum* Ait.

小蜡 *Ligustrum sinense* Lour.

万钧木属 *Chengiodendron*

万钧木 *Chengiodendron marginatum* (Champ. ex Benth.) C. B. Shang, X. R.

Wang，Yi F. Duan ＆ Yong F. Li

　　牛屎果 *Chengiodendron matsumuranum*（Hayata）C. B. Shang

泡桐科 **Paulowniaceae**

泡桐属 *Paulownia*

白花泡桐 *Paulownia fortunei*（Seem.）Hemsl.

台湾泡桐 *Paulownia kawakamii* Ito

毛泡桐 *Paulownia tomentosa*（Thunb.）Steud.

葡萄科 **Vitaceae**

地锦属 *Parthenocissus*

地锦 *Parthenocissus tricuspidata*（Siebold ＆ Zucc.）Planch.

牛果藤属 *Nekemias*

羽叶牛果藤 *Nekemias chaffanjonii*（H. Lév. ＆ Vaniot）J. Wen ＆ Z. L. Nie

大叶牛果藤 *Nekemias megalophylla*（Diels ＆ Gilg）J. Wen ＆ Z. L. Nie

葡萄属 *Vitis*

蘡薁 *Vitis bryoniifolia* Bunge

刺葡萄 *Vitis davidii*（Roman. Du Caill.）Foex.

秋葡萄 *Vitis romanetii* Romanet du Caillaud

葡萄 *Vitis vinifera* L.

网脉葡萄 *Vitis wilsoniae* H. J. Veitch

蛇葡萄属 *Ampelopsis*

三裂蛇葡萄 *Ampelopsis delavayana* Planch.

异叶蛇葡萄 *Ampelopsis glandulosa* var. *heterophylla*（Thunberg）Momiyama

白蔹 *Ampelopsis japonica*（Thunb.）Makino

乌蔹莓属 *Causonis*

乌蔹莓 *Causonis japonica*（Thunb.）Raf.

漆树科 **Anacardiaceae**

黄连木属 *Pistacia*

黄连木 *Pistacia chinensis* Bunge

南酸枣属 *Choerospondias*

南酸枣 *Choerospondias axillaris*（Roxb.）B. L. Burtt ＆ A. W. Hill

漆树属 *Toxicodendron*

木蜡树 *Toxicodendron sylvestre*（Sieb. et Zucc.）O. Kuntze

毛漆树 *Toxicodendron trichocarpum*（Miq.）O. Kuntze

盐麸木属 *Rhus*

盐麸木 *Rhus chinensis* Mill.

千屈菜科 Lythraceae

节节菜属 *Rotala*

节节菜 *Rotala indica*（Willd.）Koehne

菱属 *Trapa*

细果野菱 *Trapa incisa* Sieb. et Zucc.

石榴属 *Punica*

石榴 *Punica granatum* L.

水苋菜属 *Ammannia*

水苋菜 *Ammannia baccifera* L.

紫薇属 *Lagerstroemia*

紫薇 *Lagerstroemia indica* L.

南紫薇 *Lagerstroemia subcostata* Koehne

茜草科 Rubiaceae

巴戟天属 *Morinda*

羊角藤 *Morinda umbellata* subsp. *obovata* Y. Z. Ruan

白马骨属 *Serissa*

六月雪 *Serissa japonica*（Thunb.）Thunb. Nov. Gen.

白马骨 *Serissa serissoides*（DC.）Druce

粗叶木属 *Lasianthus*

日本粗叶木 *Lasianthus japonicus* Miq.

耳草属 *Hedyotis*

金毛耳草 *Hedyotis chrysotricha*（Palib.）Merr.

钩藤属 *Uncaria*

钩藤 *Uncaria rhynchophylla*（Miq.）Miq. ex Havil.

狗骨柴属 *Diplospora*

狗骨柴 *Diplospora dubia*（Lindl.）Masam.

虎刺属 *Damnacanthus*

虎刺 *Damnacanthus indicus*（L.）Gaertn. F.

鸡屎藤属 *Paederia*

鸡屎藤 *Paederia foetida* L.

鸡仔木属 *Sinoadina*

鸡仔木 *Sinoadina racemosa*（Sieb. et Zucc.）Ridsd.

拉拉藤属 *Galium*

拉拉藤 *Galium spurium* L.

四叶葎 *Galium bungei* Steud.

线叶拉拉藤 *Galium linearifolium* Turcz.

流苏子属 *Coptosapelta*

流苏子 *Coptosapelta diffusa*（Champ. ex Benth.）Van Steenis

茜草属 *Rubia*

茜草 *Rubia cordifolia* L.

蛇根草属 *Ophiorrhiza*

日本蛇根草 *Ophiorrhiza japonica* Bl.

水团花属 *Adina*

水团花 *Adina pilulifera*（Lam.）Franch. ex Drake

细叶水团花 *Adina rubella* Hance

香果树属 *Emmenopterys*

香果树 *Emmenopterys henryi* Oliv.

栀子属 *Gardenia*

栀子 *Gardenia jasminoides* Ellis

蔷薇科 Rosaceae

白鹃梅属 *Exochorda*

红柄白鹃梅 *Exochorda giraldii* Hesse

白鹃梅 *Exochorda racemosa*（Lindl.）Rehd.

地榆属 *Sanguisorba*

长叶地榆 *Sanguisorba officinalis* var. *longifolia*（Bertol.）Yü et Li

棣棠花属 *Kerria*

棣棠 *Kerria japonica*（L.）DC.

花楸属 *Sorbus*

石灰花楸 *Sorbus folgneri*（Schneid.）Rehd.

水榆花楸 *Sorbus alnifolia*（Sieb. et Zucc.）K. Koch

火棘属 *Pyracantha*

火棘 *Pyracantha fortuneana*（Maxim.）Li

鸡麻属 *Rhodotypos*

鸡麻 *Rhodotypos scandens*（Thunb.）Makino

梨属 *Pyrus*

豆梨 *Pyrus calleryana* Dcne.

麻梨 *Pyrus serrulata* Rehd.

李属 *Prunus*

臭樱 *Prunus hypoleuca*（Koehne）J. Wen

橉木 *Prunus buergeriana* Miq.

灰叶稠李 *Prunus grayana* Maxim.

钟花樱 *Prunus campanulata*（Maxim.）Yü et Li

郁李 *Prunus japonica*（Thunb.）Lois.

山樱花 *Prunus serrulata*（Lindl.）G. Don ex London

毛樱桃 *Prunus tomentosa*（Thunb.）Wall.

龙牙草属 *Agrimonia*

龙牙草 *Agrimonia pilosa* Ldb.

路边青属 *Geum*

柔毛路边青 *Geum japonicum* var. *chinense* F. Bolle

路边青 *Geum aleppicum* Jacq.

木瓜海棠属 *Chaenomeles*

贴梗海棠 *Chaenomeles speciosa*（Sweet）Nakai

木瓜属 *Pseudocydonia*

木瓜 *Pseudocydonia sinensis*（Thouin）C. K. Schneid.

枇杷属 *Eriobotrya*

枇杷 *Eriobotrya japonica*（Thunb.）Lindl.

苹果属 *Malus*

花红 *Malus asiatica* Nakai

垂丝海棠 *Malus halliana* Koehne

湖北海棠 *Malus hupehensis*（Pamp.）Rehd.

三叶海棠 *Malus toringo*（Siebold）Siebold ex de Vriese

蔷薇属 *Rosa*

硕苞蔷薇 *Rosa bracteata* Wendl.

小果蔷薇 *Rosa cymosa* Tratt.

毛叶山木香 *Rosa cymosa* var. *puberula* Yü et Ku

软条七蔷薇 *Rosa henryi* Bouleng.

金樱子 *Rosa laevigata* Michx.

粉团蔷薇 *Rosa multiflora* var. *cathayensis* Rehd. et Wils.

缫丝花 *Rosa roxburghii* Tratt.

川滇蔷薇 *Rosa soulieana* Crép.

山楂属 *Crataegus*

野山楂 *Crataegus cuneata* Sieb. et Zucc.

湖北山楂 *Crataegus hupehensis* Sarg.

蛇莓属 *Duchesnea*

蛇莓 *Duchesnea indica*（Andr.）Focke

石斑木属 *Rhaphiolepis*

石斑木 *Rhaphiolepis indica*（L.）Lindley

大叶石斑木 *Rhaphiolepis major* Cardot

石楠属 *Photinia*

中华石楠 *Photinia beauverdiana* Schneid.

贵州石楠 *Photinia bodinieri* Lévl.

光叶石楠 *Photinia glabra*（Thunb.）Maxim.

褐毛石楠 *Photinia hirsuta* Hand. – Mazz.

绒毛石楠 *Photinia schneideriana* Rehd. et Wils.

石楠 *Photinia serratifolia*（Desf.）Kalkman

唐棣属 *Amelanchier*

东亚唐棣 *Amelanchier asiatica*（Sieb. et Zucc.）Endl. ex Walp.

委陵菜属 *Potentilla*

委陵菜 *Potentilla chinensis* Ser.

翻白草 *Potentilla discolor* Bge.

中华三叶委陵菜 *Potentilla freyniana* var. *sinica* Migo

蛇含委陵菜 *Potentilla kleiniana* Wight et Arn.

朝天委陵菜 *Potentilla supina* L.

小米空木属 *Stephanandra*

野珠兰 *Stephanandra chinensis* Hance

小野珠兰 *Stephanandra incisa*（Thunb.）Zabel

绣线菊属 *Spiraea*

绣球绣线菊 *Spiraea blumei* G. Don

麻叶绣线菊 *Spiraea cantoniensis* Lour.

中华绣线菊 *Spiraea chinensis* Maxim.

三裂绣线菊 *Spiraea trilobata* L.

悬钩子属 *Rubus*

腺毛莓 *Rubus adenophorus* Rolfe

周毛悬钩子 *Rubus amphidasys* Focke ex Diels

寒莓 *Rubus buergeri* Miq.

山莓 *Rubus corchorifolius* L. f.

插田藨 *Rubus coreanus* Miq.

蓬蘽 *Rubus hirsutus* Thunb.

湖南悬钩子 *Rubus hunanensis* Hand. – Mazz.

宜昌悬钩子 *Rubus ichangensis* Hemsl. et Ktze.

白叶莓 *Rubus innominatus* S. Moore

无腺白叶莓 *Rubus innominatus* var. *kuntzeanus*（Hemsl.）Bailey

高粱藨 *Rubus lambertianus* Ser.

太平莓 *Rubus pacificus* Hance

茅莓 *Rubus parvifolius* L.

腺花茅莓 *Rubus parvifolius* var. *adenochlamys* （Focke）Migo

盾叶莓 *Rubus peltatus* Maxim.

空心藨 *Rubus rosifolius* Smith

红腺悬钩子 *Rubus sumatranus* Miq.

木莓 *Rubus swinhoei* Hance

灰白毛莓 *Rubus tephrodes* Hance

栒子属 *Cotoneaster*

平枝栒子 *Cotoneaster horizontalis* Dcne.

茄科 Solanaceae

枸杞属 *Lycium*

枸杞 *Lycium chinense* Miller

红丝线属 *Lycianthes*

中华红丝线 *Lycianthes lysimachioides* var. *sinensis* Bitter

龙珠属 *Tubocapsicum*

龙珠 *Tubocapsicum anomalum* （Franchet et Savatier）Makino

曼陀罗属 *Datura*

曼陀罗 *Datura stramonium* L.

茄属 *Solanum*

白英 *Solanum lyratum* Thunberg

野海茄 *Solanum japonense* Nakai

龙葵 *Solanum nigrum* L.

少花龙葵 *Solanum americanum* Miller

散血丹属 *Physaliastrum*

江南散血丹 *Physaliastrum heterophyllum* （Hemsley）Migo

酸浆属 *Alkekengi*

挂金灯 *Alkekengi officinarum* var. *franchetii* （Mast.）R. J. Wang

洋酸浆属 *Physalis*

苦蘵 *Physalis angulata* L.

青荚叶科 Helwingiaceae

青荚叶属 *Helwingia*

青荚叶 *Helwingia japonica* （Thunb.）Dietr.

青皮木科 Schoepfiaceae

    青皮木属 *Schoepfia*

      青皮木 *Schoepfia jasminodora* Sieb. et Zucc.

清风藤科 Sabiaceae

    泡花树属 *Meliosma*

      垂枝泡花树 *Meliosma flexuosa* Pamp.

      多花泡花树 *Meliosma myriantha* Sieb. et Zucc.

      异色泡花树 *Meliosma myriantha* var. *discolor* Dunn

      柔毛泡花树 *Meliosma myriantha* var. *pilosa* (Lecomte) Law

      有腺泡花树 *Meliosma oldhamii* var. *glandulifera* Cufod.

      细花泡花树 *Meliosma parviflora* Lecomte

      暖木 *Meliosma veitchiorum* Hemsl.

    清风藤属 *Sabia*

      鄂西清风藤 *Sabia campanulata* subsp. *ritchieae* (Rehd. et Wils.) Y. F. Wu

      灰背清风藤 *Sabia discolor* Dunn

      清风藤 *Sabia japonica* Maxim.

秋海棠科 Begoniaceae

    秋海棠属 *Begonia*

      秋海棠 *Begonia grandis* Dry.

秋水仙科 Colchicaceae

    万寿竹属 *Disporum*

      万寿竹 *Disporum cantoniense* (Lour.) Merr.

      少花万寿竹 *Disporum uniflorum* Baker ex S. Moore

忍冬科 Caprifoliaceae

    败酱属 *Patrinia*

      异叶败酱 *Patrinia heterophylla* Bunge

      败酱 *Patrinia scabiosifolia* Link

    川续断属 *Dipsacus*

      日本续断 *Dipsacus japonicus* Miq.

    锦带花属 *Weigela*

      半边月 *Weigela japonica* var. *sinica* (Rehd.) Bailey

    六道木属 *Zabelia*

      南方六道木 *Zabelia dielsii* (Graebn.) Makino

    忍冬属 *Lonicera*

      须蕊忍冬 *Lonicera chrysantha* var. *koehneana* (Rehder) Q. E. Yang

      苦糖果 *Lonicera fragrantissima* var. *lancifolia* (Rehder) Q. E. Yang

蕊被忍冬 *Lonicera gynochlamydea* Hemsl.

倒卵叶忍冬 *Lonicera webbiana* subsp. *hemsleyana*（Kuntze）Z. H. Chen

忍冬 *Lonicera japonica* Thunb.

金银忍冬 *Lonicera maackii*（Rupr.）Maxim.

灰毡毛忍冬 *Lonicera guillonii* var. *macranthoides*（Hand.-Mazz.）Z. H. Chen & X. F. Jin

下江忍冬 *Lonicera modesta* Rehd.

淡红忍冬 *Lonicera acuminata* Wall.

盘叶忍冬 *Lonicera tragophylla* Hemsl.

瑞香科 Thymelaeaceae

结香属 *Edgeworthia*

结香 *Edgeworthia chrysantha* Lindl.

瑞香属 *Daphne*

瑞香 *Daphne odora* Thunb.

三白草科 Saururaceae

蕺菜属 *Houttuynia*

蕺菜 *Houttuynia cordata* Thunb.

三白草属 *Saururus*

三白草 *Saururus chinensis*（Lour.）Baill.

伞形科 Apiaceae

变豆菜属 *Sanicula*

变豆菜 *Sanicula chinensis* Bunge

直刺变豆菜 *Sanicula orthacantha* S. Moore

柴胡属 *Bupleurum*

北柴胡 *Bupleurum chinense* DC.

当归属 *Angelica*

紫花前胡 *Angelica decursiva*（Miquel）Franchet & Savatier

东俄芹属 *Tongoloa*

牯岭东俄芹 *Tongoloa stewardii* Wolff

独活属 *Heracleum*

椴叶独活 *Heracleum tiliifolium* Wolff

峨参属 *Anthriscus*

峨参 *Anthriscus sylvestris*（L.）Hoffm.

胡萝卜属 *Daucus*

野胡萝卜 *Daucus carota* L.

茴芹属 *Pimpinella*

    异叶茴芹 *Pimpinella diversifolia* DC.

明党参属 *Changium*

    明党参 *Changium smyrnioides* Wolff

囊瓣芹属 *Pternopetalum*

    东亚囊瓣芹 *Pternopetalum tanakae* （Franch. et Sav.） Hand. - Mazz.

前胡属 *Peucedanum*

    前胡 *Peucedanum praeruptorum* Dunn

窃衣属 *Torilis*

    小窃衣 *Torilis japonica* （Houtt.） DC.

    窃衣 *Torilis scabra* （Thunb.） DC.

山芹属 *Ostericum*

    大齿山芹 *Ostericum grosseserratum* （Maxim.） Kitagawa

山芎属 *Conioselinum*

    藁本 *Conioselinum anthriscoides* （H. Boissieu） Pimenov & Kljuykov

    细叶藁本 *Conioselinum tenuissimum* （Nakai） Pimenov & Kljuykov

蛇床属 *Cnidium*

    蛇床 *Cnidium monnieri* （L.） Cuss.

水芹属 *Oenanthe*

    水芹 *Oenanthe javanica* （Bl.） DC.

    线叶水芹 *Oenanthe linearis* Wall. ex DC.

香根芹属 *Osmorhiza*

    香根芹 *Osmorhiza aristata* （Thunb.） Makino et Yabe

鸭儿芹属 *Cryptotaenia*

    鸭儿芹 *Cryptotaenia japonica* Hassk.

岩茴香属 *Rupiphila*

    岩茴香 *Rupiphila tachiroei* （Franch. et Sav.） Pimenov et Lavrova

桑科 Moraceae

橙桑属 *Maclura*

    构棘 *Maclura cochinchinensis* （Loureiro） Corner

    柘 *Maclura tricuspidata* Carriere

构属 *Broussonetia*

    藤构 *Broussonetia kaempferi* Sieb.

    构 *Broussonetia papyrifera* （L.） L'Hér. ex Vent.

榕属 *Ficus*

琴叶榕 *Ficus pandurata* Hance

薜荔 *Ficus pumila* L.

珍珠莲 *Ficus sarmentosa* var. *henryi*（King et Oliv.）Corner

爬藤榕 *Ficus sarmentosa* var. *impressa*（Champ.）Corner

天仙果 *Ficus erecta* Thunb.

桑属 *Morus*

桑 *Morus alba* L.

鸡桑 *Morus australis* Poir.

华桑 *Morus cathayana* Hemsl.

水蛇麻属 *Fatoua*

水蛇麻 *Fatoua villosa*（Thunb.）Nakai

莎草科 Cyperaceae

荸荠属 *Eleocharis*

牛毛毡 *Eleocharis yokoscensis*（Franchet & Savatier）Tang & F. T. Wang

密花荸荠 *Eleocharis congesta* D. Don

龙师草 *Eleocharis tetraquetra* Kom.

扁莎属 *Pycreus*

红鳞扁莎 *Pycreus sanguinolentus*（Vahl）Nees

刺子莞属 *Rhynchospora*

刺子莞 *Rhynchospora rubra*（Lour.）Makino

飘拂草属 *Fimbristylis*

夏飘拂草 *Fimbristylis aestivalis*（Retz.）Vahl

扁鞘飘拂草 *Fimbristylis complanata*（Retz.）Link

两歧飘拂草 *Fimbristylis dichotoma*（L.）Vahl

拟二叶飘拂草 *Fimbristylis diphylloides* Makino

宜昌飘拂草 *Fimbristylis henryi* C. B. Clarke

水虱草 *Fimbristylis littoralis* Grandich

东南飘拂草 *Fimbristylis pierotii* Miq.

畦畔飘拂草 *Fimbristylis squarrosa* Vahl

球柱草属 *Bulbostylis*

球柱草 *Bulbostylis barbata*（Rottb.）C. B. Clarke

丝叶球柱草 *Bulbostylis densa*（Wall.）Hand. - Mzt.

莎草属 *Cyperus*

阿穆尔莎草 *Cyperus amuricus* Maxim.

扁穗莎草 *Cyperus compressus* L.

长尖莎草 *Cyperus cuspidatus* H. B. K.

异型莎草 *Cyperus difformis* L.

碎米莎草 *Cyperus iria* L.

具芒碎米莎草 *Cyperus microiria* Steud.

白鳞莎草 *Cyperus nipponicus* Franch. et Savat.

三轮草 *Cyperus orthostachyus* Franch. et Savat.

毛轴莎草 *Cyperus pilosus* Vahl

香附子 *Cyperus rotundus* L.

窄穗莎草 *Cyperus tenuispica* Steud.

砖子苗 *Cyperus cyperoides*（L.）Kuntze

水葱属 *Schoenoplectus*

三棱水葱 *Schoenoplectus triqueter*（L.）Palla

水葱 *Schoenoplectus tabernaemontani*（C. C. Gmelin）Palla

薹草属 *Carex*

青绿薹草 *Carex breviculmis* R. Br.

中华薹草 *Carex chinensis* Retz.

三阳薹草 *Carex duvaliana* Franch. et Savat.

穿孔薹草 *Carex foraminata* C. B. Clarke

穹隆薹草 *Carex gibba* Wahlenb.

日本薹草 *Carex japonica* Thunb.

舌叶薹草 *Carex ligulata* Nees ex Wight

九华薹草 *Carex manca* subsp. *jiuhuaensis*（S. W. Su）S. Yun Liang

乳突薹草 *Carex maximowiczi*i Miq.

具芒灰帽薹草 *Carex mitrata* var. *aristata* Ohwi

横纹薹草 *Carex rugata* Ohwi

青阳薹草 *Carex qingyangensis* S. W. Su et S. M. Xu

书带薹草 *Carex rochebrunii* Franchet & Savatier

毛缘宽叶薹草 *Carex ciliatomarginata* Nakai

三穗薹草 *Carex tristachya* Thunb.

萤蔺属 *Schoenoplectiella*

萤蔺 *Schoenoplectiella juncoides*（Roxburgh）Lye

水毛花 *Schoenoplectiella triangulata*（Roxb.）J. Jung & H. K. Choi

山茶科 Theaceae

木荷属 *Schima*

木荷 *Schima superba* Gardn. et Champ.

山茶属 *Camellia*

短柱茶 *Camellia brevistyla*（Hayata）Coh. St

浙江红山茶 *Camellia chekiangoleosa* Hu

茶 *Camellia sinensis*（L.）O. Ktze.

油茶 *Camellia oleifera* Abel.

紫茎属 *Stewartia*

紫茎 *Stewartia sinensis* Rehd. et Wils

山矾科 Symplocaceae

山矾属 *Symplocos*

薄叶山矾 *Symplocos anomala* Brand

华山矾 *Symplocos chinensis*（Lour.）Druce

白檀 *Symplocos tanakana* Nakai

老鼠屎 *Symplocos stellaris* Brand

山矾 *Symplocos sumuntia* Buch.-Ham. ex D. Don

山茱萸科 Cornaceae

八角枫属 *Alangium*

八角枫 *Alangium chinense*（Lour.）Harms

伏毛八角枫 *Alangium chinense* subsp. *strigosum* Fang

云山八角枫 *Alangium kurzii* var. *handelii*（Schnarf）Fang

毛八角枫 *Alangium kurzii* Craib

瓜木 *Alangium platanifolium*（Sieb. et Zucc.）Harms

山茱萸属 *Cornus*

灯台树 *Cornus controversa* Hemsley

山茱萸 *Cornus officinalis* Siebold & Zucc.

尖叶四照花 *Cornus elliptica*（Pojarkova）Q. Y. Xiang & Boufford

四照花 *Cornus kousa* subsp. *chinensis*（Osborn）Q. Y. Xiang

红瑞木 *Cornus alba* L.

商陆科 Phytolaccaceae

商陆属 *Phytolacca*

商陆 *Phytolacca acinosa* Roxb.

垂序商陆 *Phytolacca americana* L.

芍药科 Paeoniaceae

芍药属 *Paeonia*

牡丹 *Paeonia* × *suffruticosa* Andr.

芍药 *Paeonia lactiflora* Pall.

省沽油科 Staphyleaceae

山香圆属 *Turpinia*

绒毛锐尖山香圆 *Turpinia arguta* var. *pubescens* T. Z. Hsu

省沽油属 *Staphylea*

省沽油 *Staphylea bumalda* DC.

膀胱果 *Staphylea holocarpa* Hemsl.

野鸦椿属 *Euscaphis*

野鸦椿 *Euscaphis japonica*（Thunb.）Dippel

十字花科 Brassicaceae

独行菜属 *Lepidium*

臭荠 *Lepidium didymum* L.

北美独行菜 *Lepidium virginicum* L.

蔊菜属 *Rorippa*

蔊菜 *Rorippa indica*（L.）Hiern

碎米荠属 *Cardamine*

莓叶碎米荠 *Cardamine fragariifolia* O. E. Schulz

弯曲碎米荠 *Cardamine flexuosa* With.

云南碎米荠 *Cardamine yunnanensis* Franch.

碎米荠 *Cardamine occulta* Hornem.

弹裂碎米荠 *Cardamine impatiens* L.

水田碎米荠 *Cardamine lyrata* Bunge

圆齿碎米荠 *Cardamine scutata* Thunb.

诸葛菜属 *Orychophragmus*

诸葛菜 *Orychophragmus violaceu*s（L.）O. E. Schulz

石蒜科 Amaryllidaceae

葱属 *Allium*

薤白 *Allium macrostemon* Bunge

多叶韭 *Allium plurifoliatu*m Rendle

石蒜属 *Lycoris*

忽地笑 *Lycoris aurea*（L'Her.）Herb.

石蒜 *Lycoris radiata*（L'Her.）Herb.

换锦花 *Lycoris sprengeri* Comes ex Baker

石竹科 Caryophyllaceae

白鼓钉属 *Polycarpaea*

白鼓钉 *Polycarpaea corymbosa*（L.）Lamarck

繁缕属 *Stellaria*

鹅肠菜 *Stellaria aquatica*（L.）Scop.

中国繁缕 *Stellaria chinensis* Regel

繁缕 *Stellaria media*（L.）Villars

雀舌草 *Stellaria alsine* Grimm

高雪轮属 *Atocion*

高雪轮 *Atocion armeria*（L.）Raf.

卷耳属 *Cerastium*

簇生泉卷耳 *Cerastium fontanum* subsp. *vulgare*（Hartman）Greuter & Burdet

球序卷耳 *Cerastium glomeratum* Thuill.

鄂西卷耳 *Cerastium wilsonii* Takeda

漆姑草属 *Sagina*

漆姑草 *Sagina japonica*（Sw.）Ohwi

石竹属 *Dianthus*

石竹 *Dianthus chinensis* L.

瞿麦 *Dianthus superbus* L.

蝇子草属 *Silene*

剪秋罗 *Silene fulgens*（Fisch.）E. H. L. Krause

狗筋蔓 *Silene baccifera*（L.）Roth

女娄菜 *Silene aprica* Turcx. ex Fisch. et Mey.

蝇子草 *Silene gallica* L.

剪春罗 *Silene banksia*（Meerb.）Mabb.

柿科 Ebenaceae

柿属 *Diospyros*

柿 *Diospyros kaki* Thunb.

野柿 *Diospyros kaki* var. *silvestris* Makino

君迁子 *Diospyros lotus* L.

老鸦柿 *Diospyros rhombifolia* Hemsl.

山柿 *Diospyros japonica* Siebold & Zuccarini

鼠李科 Rhamnaceae

勾儿茶属 *Berchemia*

腋毛勾儿茶 *Berchemia barbigera* C. Y. Wu ex Y. L. Chen

多花勾儿茶 *Berchemia floribunda*（Wall.）Brongn.

矩叶勾儿茶 *Berchemia floribunda* var. *oblongifolia* Y. L. Chen et P. K. Chou

大叶勾儿茶 *Berchemia huana* Rehd.

脱毛大叶勾儿茶 *Berchemia huana* var. *glabrescens* Cheng ex Y. L. Chen

牯岭勾儿茶 *Berchemia kulingensis* Schneid.

裸芽鼠李属 *Frangula*

长叶冻绿 *Frangula crenata*（Siebold et Zucc.）Miq.

马甲子属 *Paliurus*

铜钱树 *Paliurus hemsleyanus* Rehd.

猫乳属 *Rhamnella*

猫乳 *Rhamnella franguloides*（Maxim.）Weberb.

雀梅藤属 *Sageretia*

雀梅藤 *Sageretia thea*（Osbeck）Johnst.

毛叶雀梅藤 *Sageretia thea* var. *tomentosa*（Schneid.）Y. L. Chen et P. K.

鼠李属 *Rhamnus*

刺鼠李 *Rhamnus dumetorum* Schneid.

圆叶鼠李 *Rhamnus globosa* Bunge

薄叶鼠李 *Rhamnus leptophylla* Schneid.

皱叶鼠李 *Rhamnus rugulosa* Hemsl.

冻绿 *Rhamnus utilis* Decne.

毛山鼠李 *Rhamnus wilsonii* var. *pilosa* Rehd.

枣属 *Ziziphus*

枣 *Ziziphus jujuba* Mill.

枳椇属 *Hovenia*

光叶毛果枳椇 *Hovenia trichocarpa* var. *robusta*（Nakai et Y. Kimura）Y. L. Chon et p. K. Chou

薯蓣科 Dioscoreaceae

薯蓣属 *Dioscorea*

黄独 *Dioscorea bulbifera* L.

粉背薯蓣 *Dioscorea collettii* var. *hypoglauca*（Palibin）　C. T. Ting et al.

纤细薯蓣 *Dioscorea gracillima* Miq.

穿龙薯蓣 *Dioscorea nipponica* Makino

薯蓣 *Dioscorea polystachya* Turczaninow

水鳖科 Hydrocharitaceae

茨藻属 *Najas*

草茨藻 *Najas graminea* Del.

大茨藻 *Najas marina* L.

苦草属 *Vallisneria*

苦草 *Vallisneria natans*（Lour.）Hara

水鳖属 *Hydrocharis*

水鳖 *Hydrocharis dubia*（Bl.）Backer

睡菜科 Menyanthaceae

荇菜属 *Nymphoides*

荇菜 *Nymphoides peltata*（S. G. Gmelin）Kuntze

檀香科 Santalaceae

百蕊草属 *Thesium*

百蕊草 *Thesium chinense* Turcz.

桃金娘科 Myrtaceae

蒲桃属 *Syzygium*

赤楠 *Syzygium buxifolium* Hook. et Arn.

天门冬科 Asparagaceae

白穗花属 *Speirantha*

白穗花 *Speirantha gardenii*（Hook.）Baill.

黄精属 *Polygonatum*

多花黄精 *Polygonatum cyrtonema* Hua

长梗黄精 *Polygonatum filipes* Merr. ex C. Jeffrey et McEwan

玉竹 *Polygonatum odoratum*（Mill.）Druce

黄精 *Polygonatum sibiricum* Delar. ex Redoute

吉祥草属 *Reineckea*

吉祥草 *Reineckea carnea*（Andrews）Kunth

绵枣儿属 *Barnardia*

绵枣儿 *Barnardia japonica*（Thunberg）Schultes & J. H. Schultes

山麦冬属 *Liriope*

禾叶山麦冬 *Liriope graminifolia*（L.）Baker

短莛山麦冬 *Liriope muscari*（Decaisne）L. H. Bailey

山麦冬 *Liriope spicata*（Thunb.）Lour.

天门冬属 *Asparagus*

天门冬 *Asparagus cochinchinensis*（Lour.）Merr.

万年青属 *Rohdea*

万年青 *Rohdea japonica*（Thunb.）Roth

开口箭 *Rohdea chinensis*（Baker）N. Tanaka

舞鹤草属 *Maianthemum*

鹿药 *Maianthemum japonicum*（A. Gray）LaFrankie

沿阶草属 *Ophiopogon*

间型沿阶草 *Ophiopogon intermedius* D. Don

麦冬 *Ophiopogon japonicus*（L. f.）Ker-Gawl.

玉簪属 *Hosta*

　玉簪 *Hosta plantaginea*（Lam.）Aschers.

天南星科 Araceae

半夏属 *Pinellia*

　滴水珠 *Pinellia cordata* N. E. Brown

　虎掌 *Pinellia pedatisecta* Schott

　半夏 *Pinellia ternata*（Thunb.）Breit.

浮萍属 *Lemna*

　浮萍 *Lemna minor* L.

魔芋属 *Amorphophallus*

　东亚魔芋 *Amorphophallus kiusianus*（Makino）Makino

天南星属 *Arisaema*

　鄂西南星 *Arisaema silvestrii* Pamp.

　一把伞南星 *Arisaema erubescens*（Wall.）Schott

　天南星 *Arisaema heterophyllum* Blume

　花南星 *Arisaema lobatum* Engl.

　灯台莲 *Arisaema bockii* Engl.

芋属 *Colocasia*

　野芋 *Colocasia antiquorum* Schott

　芋 *Colocasia esculenta*（L.）Schott

紫萍属 *Spirodela*

　紫萍 *Spirodela polyrhiza*（L.）Schleid.

通泉草科 Mazaceae

通泉草属 *Mazus*

　早落通泉草 *Mazus caducifer* Hance

　通泉草 *Mazus pumilus*（N. L. Burman）Steenis

　毛果通泉草 *Mazus spicatus* Vant.

　弹刀子菜 *Mazus stachydifolius*（Turcz.）Maxim.

沟酸浆属 *Erythranthe*

　尼泊尔沟酸浆 *Erythranthe nepalensis*（Benth.）G. L. Nesom

透骨草属 *Phryma*

　透骨草 *Phryma leptostachya* subsp. *asiatica*（Hara）Kitamura

土人参科 Talinaceae

土人参属 *Talinum*

土人参 *Talinum paniculatum*（Jacq.）Gaertn.

卫矛科 Celastraceae

假卫矛属 *Microtropis*

福建假卫矛 *Microtropis fokienensis* Dunn

雷公藤属 *Tripterygium*

雷公藤 *Tripterygium wilfordii* Hook. f.

南蛇藤属 *Celastrus*

苦皮藤 *Celastrus angulatus* Maxim.

大芽南蛇藤 *Celastrus gemmatus* Loes.

粉背南蛇藤 *Celastrus hypoleucus*（Oliv.）Warb. ex Loes.

窄叶南蛇藤 *Celastrus oblanceifolius* Wang et Tsoong

南蛇藤 *Celastrus orbiculatus* Thunb.

显柱南蛇藤 *Celastrus stylosus* Wall.

卫矛属 *Euonymus*

卫矛 *Euonymus alatus*（Thunb.）Sieb.

肉花卫矛 *Euonymus carnosus* Hemsl.

扶芳藤 *Euonymus fortunei*（Turcz.）Hand. - Mazz.

西南卫矛 *Euonymus hamiltonianus* Wall.

冬青卫矛 *Euonymus japonicus* Thunb.

大果卫矛 *Euonymus myrianthus* hemsl.

垂丝卫矛 *Euonymus oxyphyllus* Miq.

无患子科 Sapindaceae

栾属 *Koelreuteria*

复羽叶栾 *Koelreuteria bipinnata* Franch.

槭属 *Acer*

阔叶槭 *Acer amplum* Rehd.

三角槭 *Acer buergerianum* Miq.

樟叶槭 *Acer coriaceifolium* Lévl.

青榨槭 *Acer davidii* Franch.

秀丽槭 *Acer elegantulum* Fang et P. L. Chiu

葛萝槭 *Acer davidii* subsp. *grosseri*（Pax）P. C. de Jong

建始槭 *Acer henryi* Pax

临安槭 *Acer linganense* Fang et P. L. Chiu

色木槭 *Acer pictum* Thunb.

毛果槭 *Acer nikoense* Maxim.

毛脉槭 *Acer pubinerve* Rehd.

天目槭 *Acer sinopurpurascens* Cheng

元宝槭 *Acer truncatum* Bunge

无患子属 *Sapindus*

无患子 *Sapindus saponaria* L.

五加科 **Araliaceae**

常春藤属 *Hedera*

常春藤 *Hedera nepalensis* var. *sinensis*（Tobl.）Rehd.

刺楸属 *Kalopanax*

刺楸 *Kalopanax septemlobus*（Thunb.）Koidz.

楤木属 *Aralia*

楤木 *Aralia elata*（Miq.）Seem.

黄毛楤木 *Aralia chinensis* L.

棘茎楤木 *Aralia echinocaulis* Hand. - Mazz.

锈毛羽叶参 *Aralia franchetii* J. Wen

人参属 *Panax*

节参 *Panax japonicus*（T. Nees）C. A. Meyer

树参属 *Dendropanax*

树参 *Dendropanax dentiger*（Harms）Merr.

天胡荽属 *Hydrocotyle*

红马蹄草 *Hydrocotyle nepalensis* Hook.

天胡荽 *Hydrocotyle sibthorpioides* Lam.

破铜钱 *Hydrocotyle sibthorpioides* var. *batrachium*（Hance）Hand. - Mazz.

五加属 *Eleutherococcus*

细柱五加 *Eleutherococcus nodiflorus*（Dunn）S. Y. Hu

糙叶五加 *Eleutherococcus henryi* Oliver

藤五加 *Eleutherococcus leucorrhizus* Oliver

狭叶藤五加 *Eleutherococcus leucorrhizus* var. *scaberulus*（Harms & Rehder）Nakai

匍匐五加 *Eleutherococcus scandens*（G. Hoo）H. Ohashi

萸叶五加属 *Gamblea*

吴茱萸五加 *Gamblea ciliata* var. *evodiifolia*（Franchet）C. B. Shang et al.

五列木科 **Pentaphylacaceae**

厚皮香属 *Ternstroemia*

厚皮香 *Ternstroemia gymnanthera*（Wight et Arn.）Beddome

柃属 *Eurya*

翅柃 *Eurya alata* Kobuski

短柱柃 *Eurya brevistyla* Kobuski

微毛柃 *Eurya hebeclados* Ling

柃木 *Eurya japonica* Thunb.

格药柃 *Eurya muricata* Dunn

细齿叶柃 *Eurya nitida* Korthals

岩柃 *Eurya saxicola* H. T. Chang

五味子科 Schisandraceae

八角属 *Illicium*

八角 *Illicium verum* Hook. f.

红毒茴 *Illicium lanceolatum* A. C. Smith

冷饭藤属 *Kadsura*

南五味子 *Kadsura longipedunculata* Finet et Gagnep.

五味子属 *Schisandra*

二色五味子 *Schisandra bicolor* Cheng

华中五味子 *Schisandra sphenanthera* Rehd. et Wils.

仙茅科 Hypoxidaceae

小金梅草属 *Hypoxis*

小金梅草 *Hypoxis aurea* Lour.

苋科 Amaranthaceae

藜属 *Chenopodium*

藜 *Chenopodium album* L.

莲子草属 *Alternanthera*

喜旱莲子草 *Alternanthera philoxeroides*（Mart.）Griseb.

牛膝属 *Achyranthes*

牛膝 *Achyranthes bidentata* Blume

少毛牛膝 *Achyranthes bidentata* var. *japonica* Miq.

青葙属 *Celosia*

青葙 *Celosia argentea* L.

苋属 *Amaranthus*

凹头苋 *Amaranthus blitum* L.

刺苋 *Amaranthus spinosus* L.

苋 *Amaranthus tricolor* L.

皱果苋 *Amaranthus viridis* L.

香蒲科 Typhaceae

　　黑三棱属 *Sparganium*

　　　　黑三棱 *Sparganium stoloniferum*（Graebn.）Buch. - Ham. ex Juz.

小檗科 Berberidaceae

　　鬼臼属 *Dysosma*

　　　　六角莲 *Dysosma pleiantha*（Hance）Woodson

　　　　八角莲 *Dysosma versipellis*（Hance）M. Cheng ex Ying

　　南天竹属 *Nandina*

　　　　南天竹 *Nandina domestica* Thunb.

　　十大功劳属 *Mahonia*

　　　　阔叶十大功劳 *Mahonia bealei*（Fort.）Carr.

　　小檗属 *Berberis*

　　　　安徽小檗 *Berberis anhweiensis* Ahrendt

　　　　日本小檗 *Berberis thunbergii* DC.

　　淫羊藿属 *Epimedium*

　　　　淫羊藿 *Epimedium brevicornu* Maxim.

小二仙草科 Haloragaceae

　　小二仙草属 *Gonocarpus*

　　　　小二仙草 *Gonocarpus micranthus* Thunberg

绣球花科 Hydrangeaceae

　　冠盖藤属 *Pileostegia*

　　　　冠盖藤 *Pileostegia viburnoides* Hook. f. et Thoms.

　　黄山梅属 *Kirengeshoma*

　　　　黄山梅 *Kirengeshoma palmata* Yatabe

　　山梅花属 *Philadelphus*

　　　　疏花山梅花 *Philadelphus laxiflorus* Rehder

　　　　绢毛山梅花 *Philadelphus sericanthus* Koehne

　　溲疏属 *Deutzia*

　　　　黄山溲疏 *Deutzia glauca* Cheng

　　　　宁波溲疏 *Deutzia ningpoensis* Rehd.

　　绣球属 *Hydrangea*

　　　　冠盖绣球 *Hydrangea anomala* D. Don

　　　　圆锥绣球 *Hydrangea paniculata* Sieb.

　　　　蜡莲绣球 *Hydrangea strigosa* Rehd.

　　蛛网萼属 *Platycrater*

　　　　蛛网萼 *Platycrater arguta* Sieb. et Zucc.

钻地风属 *Schizophragma*

秦榛钻地风 *Schizophragma corylifolium* Chun

粉绿钻地风 *Schizophragma integrifolium* var. *glaucescens* Rehder

玄参科 Scrophulariaceae

玄参属 *Scrophularia*

玄参 *Scrophularia ningpoensis* Hemsl.

醉鱼草属 *Buddleja*

醉鱼草 *Buddleja lindleyana* Fort.

旋花科 Convolvulaceae

打碗花属 *Calystegia*

打碗花 *Calystegia hederacea* Wall.

藤长苗 *Calystegia pellita* （Ledeb.） G. Don

鼓子花 *Calystegia silvatica* subsp. *orientalis* Brummitt

飞蛾藤属 *Dinetus*

飞蛾藤 *Dinetus racemosus* （Wallich） Sweet

马蹄金属 *Dichondra*

马蹄金 *Dichondra micrantha* Urban

土丁桂属 *Evolvulus*

土丁桂 *Evolvulus alsinoides* （L.） L.

菟丝子属 *Cuscuta*

菟丝子 *Cuscuta chinensis* Lam.

金灯藤 *Cuscuta japonica* Choisy

鱼黄草属 *Merremia*

北鱼黄草 *Merremia sibirica* （L.） Hall. F.

荨麻科 Urticaceae

艾麻属 *Laportea*

珠芽艾麻 *Laportea bulbifera* （Sieb. et Zucc.） Wedd.

赤车属 *Pellionia*

赤车 *Pellionia radicans* （Sieb. et Zucc.） Wedd.

蔓赤车 *Pellionia scabra* Benth.

短叶赤车 *Pellionia brevifolia* Benth.

花点草属 *Nanocnide*

花点草 *Nanocnide japonica* Bl.

冷水花属 *Pilea*

矮冷水花 *Pilea peploides* （Gaudich.） Hook. et Arn.

粗齿冷水花 *Pilea sinofasciata* C. J. Chen

冷水花 *Pilea notata* C. H. Wright

山冷水花 *Pilea japonica*（Maxim.）Hand. - Mazz.

透茎冷水花 *Pilea pumila*（L.）A. Gray

楼梯草属 *Elatostema*

楼梯草 *Elatostema involucratum* Franch. et Sav.

庐山楼梯草 *Elatostema stewardii* Merr.

糯米团属 *Gonostegia*

糯米团 *Gonostegia hirta*（Bl.）Miq.

墙草属 *Parietaria*

墙草 *Parietaria micrantha* Ledeb.

苎麻属 *Boehmeria*

野线麻 *Boehmeria japonica*（L. f.）Miquel

海岛苎麻 *Boehmeria formosana* Hayata

苎麻 *Boehmeria nivea*（L.）Gaudich.

小赤麻 *Boehmeria spicata*（Thunb.）Thunb.

八角麻 *Boehmeria platanifolia* Franchet & Savatier

蕈树科 Altingiaceae

枫香树属 *Liquidambar*

缺萼枫香树 *Liquidambar acalycina* Chang

枫香树 *Liquidambar formosana* Hance

鸭跖草科 Commelinaceae

杜若属 *Pollia*

杜若 *Pollia japonica* Thunb.

水竹叶属 *Murdannia*

疣草 *Murdannia keisak*（Hassk.）Hand. - Mazz.

水竹叶 *Murdannia triquetra*（Wall. ex C. B. Clarke）Bruckn.

鸭跖草属 *Commelina*

饭包草 *Commelina benghalensis* L.

鸭跖草 *Commelina communis* L.

岩菖蒲科 Tofieldiaceae

岩菖蒲属 *Tofieldia*

长白岩菖蒲 *Tofieldia coccinea* Richards.

眼子菜科 Potamogetonaceae

眼子菜属 *Potamogeton*

菹草 *Potamogeton crispus* L.

微齿眼子菜 *Potamogeton maackianus* A. Bennett

杨柳科 Salicaceae

柳属 *Salix*

垂柳 *Salix babylonica* L.

腺柳 *Salix chaenomeloides* Kimura

旱柳 *Salix matsudana* Koidz.

粤柳 *Salix mesnyi* Hance

南川柳 *Salix rosthornii* Seemen

红皮柳 *Salix sinopurpurea* C. Wang et C. Y. Yang

紫柳 *Salix wilsonii* Seemen ex Diels

山拐枣属 *Poliothyrsis*

山拐枣 *Poliothyrsis sinensis* Oliv.

山桐子属 *Idesia*

山桐子 *Idesia polycarpa* Maxim.

杨属 *Populus*

响叶杨 *Populus adenopoda* Maxim.

加杨 *Populus* × *canadensis* Moench

钻天杨 *Populus nigra* var. *italica* (Moench)Koehne

柞木属 *Xylosma*

柞木 *Xylosma congesta* (Loureiro) Merrill

杨梅科 Myricaceae

杨梅属 *Morella*

杨梅 *Morella rubra* Lour.

野牡丹科 Melastomataceae

金锦香属 *Osbeckia*

金锦香 *Osbeckia chinensis* L. ex Walp.

叶下珠科 Phyllanthaceae

秋枫属 *Bischofia*

重阳木 *Bischofia polycarpa* (Levl.) Airy Shaw

算盘子属 *Glochidion*

算盘子 *Glochidion puberum* (L.) Hutch.

湖北算盘子 *Glochidion wilsonii* Hutch.

叶下珠属 *Phyllanthus*

落萼叶下珠 *Phyllanthus flexuosus* (Sieb. et Zucc.) Muell. Arg

青灰叶下珠 *Phyllanthus glaucus* Wall. ex Muell. Arg

叶下珠 *Phyllanthus urinaria* L.

蜜甘草 *Phyllanthus ussuriensis* Rupr. et Maxim.

罂粟科 Papaveraceae

白屈菜属 *Chelidonium*

白屈菜 *Chelidonium majus* L.

博落回属 *Macleaya*

博落回 *Macleaya cordata*（Willd.）R. Br.

荷青花属 *Hylomecon*

荷青花 *Hylomecon japonica*（Thunb.）Prantl et Kundig

紫堇属 *Corydalis*

刻叶紫堇 *Corydalis incisa*（Thunb.）Pers.

蛇果黄堇 *Corydalis ophiocarpa* Hook. f. & Thomson

黄堇 *Corydalis pallida*（Thunb.）Pers.

小花黄堇 *Corydalis racemosa*（Thunb.）Pers.

全叶延胡索 *Corydalis repens* Mandl et Muehld.

夏天无 *Corydalis decumbens*（Thunb.）Pers.

地锦苗 *Corydalis sheareri* S. Moore

榆科 Ulmaceae

榉属 *Zelkova*

榉树 *Zelkova serrata*（Thunb.）Makino

榆属 *Ulmus*

大果榆 *Ulmus macrocarpa* Hance

杭州榆 *Ulmus changii* Cheng

红果榆 *Ulmus szechuanica* Fang

榔榆 *Ulmus parvifolia* Jacq.

榆树 *Ulmus pumila* L.

雨久花科 Pontederiaceae

雨久花属 *Monochoria*

鸭舌草 *Monochoria vaginalis*（Burm. F.）Presl ex Kunth

鸢尾科 Iridaceae

射干属 *Belamcanda*

射干 *Belamcanda chinensis*（L.）Redouté

鸢尾属 *Iris*

玉蝉花 *Iris ensata* Thunb.

蝴蝶花 *Iris japonica* Thunb.

小花鸢尾 *Iris speculatrix* Hance

远志科 Polygalaceae

远志属 *Polygala*

荷包山桂花 *Polygala arillata* Buch. – Ham. ex D. Don

香港远志 *Polygala hongkongensis* Hemsl.

狭叶香港远志 *Polygala hongkongensis* var. *stenophylla*（Hayata）Migo

瓜子金 *Polygala japonica* Houtt.

远志 *Polygala tenuifolia* Willd.

芸香科 Rutaceae

臭常山属 *Orixa*

臭常山 *Orixa japonica* Thunb.

柑橘属 *Citrus*

枳 *Citrus trifoliata* L.

花椒属 *Zanthoxylum*

椿叶花椒 *Zanthoxylum ailanthoides* Sied. et. Zucc.

花椒 *Zanthoxylum bungeanum* Maxim.

野花椒 *Zanthoxylum simulans* Hance

竹叶花椒 *Zanthoxylum armatum* DC.

石椒草属 *Boenninghausenia*

臭节草 *Boenninghausenia albiflora*（Hook.）Reichb. ex Meisn.

吴茱萸属 *Tetradium*

吴茱萸 *Tetradium ruticarpum*（A. Jussieu）T. G. Hartley

茵芋属 *Skimmia*

茵芋 *Skimmia reevesiana* Fort.

泽泻科 Alismataceae

泽泻属 *Alisma*

东方泽泻 *Alisma orientale*（Samuel.）Juz.

樟科 Lauraceae

檫木属 *Sassafras*

檫木 *Sassafras tzumu*（Hemsl.）Hemsl.

桂属 *Cinnamomum*

天竺桂 *Cinnamomum japonicum* Sieb.

香桂 *Cinnamomum subavenium* Miq.

木姜子属 *Litsea*

天目木姜子 *Litsea auriculata* Chien et Cheng

豹皮樟 *Litsea coreana* var. *sinensis*（Allen）Yang et P. H. Huang

山鸡椒 *Litsea cubeba*（Lour.）Pers.

黄丹木姜子 *Litsea elongata*（Wall. ex Nees）Benth. et Hook. f.

豺皮樟 *Litsea rotundifolia* var. *oblongifolia*（Nees）Allen

楠属 *Phoebe*

紫楠 *Phoebe sheareri*（Hemsl.）Gamble

润楠属 *Machilus*

红楠 *Machilus thunbergii* Sieb. et Zucc.

山胡椒属 *Lindera*

乌药 *Lindera aggregata*（Sims）Kosterm.

狭叶山胡椒 *Lindera angustifolia* Cheng

红果山胡椒 *Lindera erythrocarpa* Makino

绿叶甘橿 *Lindera neesiana*（Wallich ex Nees）Kurz

山胡椒 *Lindera glauca*（Siebold & Zucc.）Blume

黑壳楠 *Lindera megaphylla* Hemsl.

三桠乌药 *Lindera obtusiloba* Bl.

大果山胡椒 *Lindera praecox*（Sieb. et Zucc.）Bl. G

山橿 *Lindera reflexa* Hemsl.

红脉钓樟 *Lindera rubronervia* Gamble

新木姜子属 *Neolitsea*

浙江新木姜子 *Neolitsea aurata* var. *chekiangensis*（Nakai）Yang et P. H. Huang

樟属 *Camphora*

樟 *Camphora officinarum* Nees ex Wall.

沼金花科 Nartheciaceae

肺筋草属 *Aletris*

肺筋草 *Aletris spicata*（Thunb.）Franch.

紫草科 Boraginaceae

斑种草属 *Bothriospermum*

多苞斑种草 *Bothriospermum secundum* Maxim.

柔弱斑种草 *Bothriospermum zeylanicum*（J. Jacquin）Druce

车前紫草属 *Sinojohnstonia*

浙赣车前紫草 *Sinojohnstonia chekiangensis*（Migo）W. T. Wang

盾果草属 *Thyrocarpus*

弯齿盾果草 *Thyrocarpus glochidiatus* Maxim.

盾果草 *Thyrocarpus sampsonii* Hance

附地菜属 *Trigonotis*
　　附地菜 *Trigonotis peduncularis*（Trev.）Benth. ex Baker et Moore
厚壳树属 *Ehretia*
　　粗糠树 *Ehretia dicksonii* Hance
　　厚壳树 *Ehretia acuminata* R. Brown
紫草属 *Lithospermum*
　　梓木草 *Lithospermum zollingeri* A. DC.

紫茉莉科 Nyctaginaceae
紫茉莉属 Mirabilis
　　紫茉莉 *Mirabilis jalapa* L.

紫葳科 Bignoniaceae
梓属 *Catalpa*
　　梓 *Catalpa ovata* G. Don

棕榈科 Arecaceae
棕榈属 *Trachycarpus*
　　棕榈 *Trachycarpus fortunei*（Hook.）H. Wendl.

酢浆草科 Oxalidaceae
酢浆草属 *Oxalis*
　　山酢浆草 *Oxalis griffithii* Edgeworth & J. D. Hooker
　　酢浆草 *Oxalis corniculata* L.

附录2 图 版

图版Ⅰ 九华山世界地质公园植被分布图

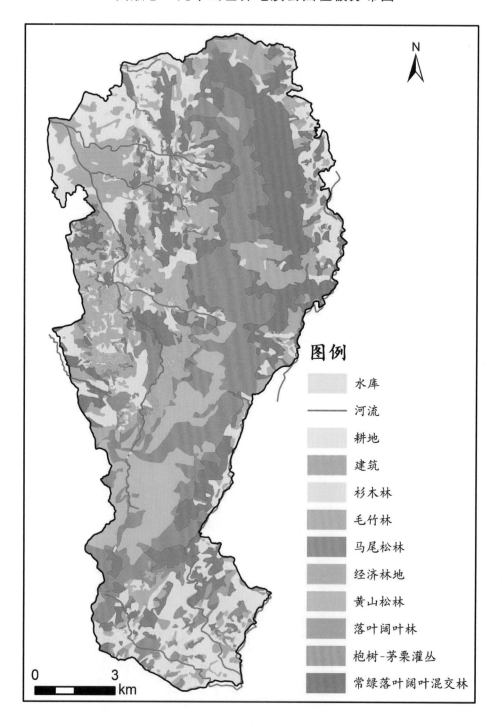

图例

- 水库
- 河流
- 耕地
- 建筑
- 杉木林
- 毛竹林
- 马尾松林
- 经济林地
- 黄山松林
- 落叶阔叶林
- 枹树-茅栗灌丛
- 常绿落叶阔叶混交林

图版Ⅱ　九华山世界地质公园植被生境

九华山山地景观

九华山花岗岩地貌景观

九华山山地盆地地貌结构景观

图版Ⅲ　九华山世界地质公园植被群落类型

九华山山地黄山松林景观

九华山落叶阔叶林景观

九华山常绿-落叶阔叶混交林景观

九华山马尾松林、杉木林景观

九华山竹林群落景观